KB021212

독자님, 이렇게 책으로 만나뵙게 되어 영광입니다.
블로그, SNS, 유튜브 등에 이 책을 읽은 리뷰를 올려주시면 큰 힘이 됩니다.
리뷰에는 따뜻한 응원의 글과 더불어 사진과 동영상을 활용하시면 더욱 감사합니다.
책은 인생의 등불과 같습니다.
독자님의 리뷰는 독서의 시간을 더욱 풍요롭게 할 것입니다.
앞으로도 더 좋은 책으로 만나뵙겠습니다.

너도 처음이지?
나도 그래

너도 처음이지? 나도 그래

봉이 지음

생각의빛

제3장 우리들의 행복한 시간

제4장 천고마비의 육아

프롤로그

아이만 성장한다고 생각했는데 엄마도 아이와 함께 성장하며 세상을 배우는 가슴 따뜻하고 유쾌한 우리네 이야기를 담았습니다. 엄마도 엄마가 처음인지라 이제 막 세 살이 된 엄마와 아이. 모두에게 낯설기만 한 세상 이야기입니다.

아이를 키운다는 것이 고달프지만, 아이러니하게도 그 작은 아이로 인하여 엄마의 얼굴에는 미소가 지어집니다. 아이와 함께 성장하는 엄마. 아이를 재워 놓고 잠이 오지 않는 밤, 자꾸만 떠오르는 아이의 웃음과 눈물, 그리고 기쁨.

이제 곧 엄마가 될 예비 엄마, 옹알이하는 아이의 엄마, 한때는 초보 엄마였던 모든 엄마에게 제 이야기를 들려주고 싶습니다. '우리 엄마도 이랬을까?', '여기 아이도 떼쟁이네.', '그땐 그랬었지.'라며 엄마를 다시 한 번 생각하게 만들고 싶습니다.

모든 엄마에게 위로가 되고 싶고, 친구가 되고 싶고, 힘이 되고자 합니다. 작은 천사들과 함께.

제1장
너는 나의 비타민

올림 사랑

사람들은 이야기한다. 내리사랑은 있어도 올림 사랑은 없다고.내리사랑은 우리가 말하지 않아도 너무나 잘 알고 몸소 느끼고 있다. 혹여나 내가 부모가 된 입장이라면, 진정한 내리사랑에 대해 느끼고 있을 것이다. 내리사랑은 있어도 올림 사랑은 없다고 하는데 나는 요즘, 올림 사랑이 있다고 느낀다.

지금 나에게는 눈에 넣어도 아프지 않을 귀여운 아들이 있다. 내가 부엌에라도 가려고 자리를 일어서면 '엥~'하며 나를 '졸졸졸' 따라온다. 심지어 화장실을 가려 해도 내 허벅다리를 '꽈악' 잡고 놓아주지 않는다. 이만하면 엄마 코알라 등의 털을 모두 뽑을 기세로 매달려 있는 아기 코알라와 흡사하다. 지금 이놈은 등이 아니라 내 허벅다리에 매달려 있을 뿐이다. 처음엔 이런 현실이 난감하고 당혹스러웠으며 내 아이지만 얄밉기도 했다. 아빠한테는 그러지 않고 나의 꽁지만 따라다니니 아빠는 속으로 서운하고 나는 나대로 내 볼일을 마음 편히 볼 수 없었다.

그러다 어느 육아 서적을 읽으면서 나와는 다른 시각으로 그 '코알라 사랑'을 아이가 엄마를 짝사랑한다고 표현한 대목에서 충격을 받았다. 나는 아이를 보며 당혹스럽고 심지어 미운 감정이 올라왔는데 아이가 엄마를 얼마나 사랑하면 화장실도 못 가도록 짝사랑을 한다고 생각했을까. 그날 이후로 아이가 달리 보이기 시작했다. 미운 아이가 아니라, 정말 나를 너무나도 사랑해서 어디든 함께이고 싶은 아이의 마음이 보이기 시작했다. 그러니 더 세게 안아 줄 수밖에.

아이는 나에게 무엇을 원하지 않고 그저 내 옆에 있길 바란다. 그저 엄마가 자기 옆에 있어 주길 바란다. 바닥에 요구르트를 질질 흘려 내가 천둥 번개 치듯 아이에게 호통을 내리쳐도 아이는 내 품에 엉덩이를 들이밀며 내 옆에 있길 바란다. 그저 내 옆에 있길 바란다. 내 곁에서 잠시 떼어 놓으려 하면 젖 먹던 힘을 다해서 목에 핏대를 세우고 숨이 넘어갈 정도로 울어 젖힌다. 자기의 모든 걸 잃어버린 것처럼 운다. 나는 아이의 전부이다. 아이는 나의 전부이기도 하다.

사람들은 이야기한다. 내리사랑은 있어도 올림 사랑은 없다고.

우리 아이가 나에게 이토록 자신의 전부를 걸고 올림 사랑을 해주었던 기억은 잊어버린 채 나의 사랑만이, 아이를 위한 나의 헌신적 내리사랑만 남아 있음을 느끼는 것은 아닐까.

다섯 손가락 가족

요즘 들어 23개월 된 우리 아이가 제일 많이 하는 말이 있다.

"아빠, 엄마, 엉아, 누나, 베이비."

어디든지 모조리 갖다 붙이기 일쑤다. 부릉부릉 버스가 지나가면 "아빠 빠방, 엄마 빠방, 엉아 빠방, 누나 빠방, 베이비 빠방." 밥을 먹을 때도 밥 위에 노릇노릇한 치킨 너겟을 올려주면 "아빠 꼬꼬, 엄마 꼬꼬, 엉아 꼬꼬, 누나 꼬꼬, 베이비 꼬꼬."를 외쳐대며 먹는다. 그러다가 아빠 꼬꼬만 올렸다면서 엄마 꼬꼬, 엉아 꼬꼬 모두 다 올려 달란다. 환장할 노릇이다. 조그만 아기 숟가락 위에 치킨 너겟을 덕지덕지 올려서 간신히 비위를 맞추어 준다. 그제야 "아~"하며 입을 벌려준다.

내 아이가 "아빠, 엄마"라고 불러줬을 때. 그때의 황홀함은 부모가 되어봐야 안다. 사회생활을 하려는지 자기 자신을 먼저 베이비라 칭하고 엉아와 누나를 배워 와서는 우리 가족이 다섯 식구인 듯 행동한다. 대견한 마음에 계속해서 함께 따라 외쳐주고 손가락 가족 노래도 불러주며 칭찬을 아낌없이 해주었다. 그래서 이제 우리 가족은 다섯이 되어버렸다.

그런데 왜 아기를 베이비라고 하는 걸까? 손가락 가족 노래를 영어로 불러줬는데 엄마와 아기만 마미와 베이비로 인식이 되었다. 영어 습득도 엄마와 아기부터 하는구나. 또 한 번 감탄했다.

밥 먹을 땐 집에 있는 곰 인형에게 엉아라고 부르면서 1인용 유아 식탁 의자에 꾸깃꾸깃 밀어 넣고는 본인도 엉덩이를 들이민다. 그러고는 어깨동무를 하며 자기 밥숟가락을 내어준다. 아뿔싸! 동생이라도 만들어 줘야 하나. 귀여우면서도 형제 없는 아이가 안쓰럽게 느껴진다. 나와 남편은 남매와 형제로 자라서 티격태격하면서도 외롭지 않게 어린 시절을 보내서 그런지 혼자라는 상상을 하기가 어렵다. 그래서 아이가 어떤 느낌인지 알 수가 없다. 형제애를 나누어 주고 싶어 하는 아이를 보니 왠지 노래처럼 다섯 가족, 아니 네 가족이라도 계획해야 하나라는 심각한 고민에 빠져본다.

어느덧 있지도 않은 형에게 자기의 밥도 나누어 줄 만큼 이렇게 성장했는지 엄마도 모르게 시간은 가고 있었다.

립스틱 짙게 바르고

그윽한 눈빛으로 만들어 주는 아이섀도. 길고 풍성한 속눈썹을 자랑하는 마스카라. 마지막으로는 생기 있는 입술까지. 여자가 예뻐지는 순간이다. 나는 화장을 진하게 하는 편은 아니었지만, 기본적인 화장은 매일 했다. 그러나 이젠 화장대 서랍 속 마스카라가 굳어버려 뚜껑을 여는 것도 뻑뻑하다.

간혹 결혼식 갈 일이 생겨 풍성한 눈썹을 연출해야 하는데 한두 번 쓰자고 화장 도구들을 다시 사자니 아깝게 느껴진다. 그렇다고 다들 멋들어지게 하고 오는 자리인데 민달팽이처럼 부끄러운 얼굴로 갈 수도 없는 터. 고민 고민 끝에 '그래! 립스틱이라도 진하게 바르자.'

오늘도 분홍 립스틱을 바르며 화장의 마무리를 한다. 그러고는 거울에 비친 또 다른 나에게 입맞춤을 보낸다. 쪽!

이런 엄마의 모습이 예뻐 보였는지 자기도 하겠다고 베이비를 외치며 등장하는 정우. 나는 유아용 챕스틱을 가져와 "우~"라고 하며 입술을 쭉 내밀어 보인다. 그런 내 모습을 곧장 따라 하며 "우~"소리까지 따라 낸다. 입술에 톡톡톡 발라주고 나면 스스로 바르겠다고 달란다. 혹시나 먹을까 주지 않다가 늘어난 떼에 항복하며 정우의 손으로 넘겨버렸다. 그런데 이건 입술에 바르는 것이 아니라 완전 풀칠 수준이다. 입에 풀칠하는 법을 손수 보여준다. 말로만 들었는데 좋은 구경 했다.

그러던 어느 날.

나는 주방에서 식사 준비를 하며 남편과 대화를 나누고 있었다. 눈은 도마 위에 귀는 남편에게 열려 있었다. 느낌이 이상했다. 정우가 너무나도 조용한 것이다.

"여보, 정우 어디 있어?"

남편이 두리번거리다가 정우를 발견하고는 소리쳤다. 슬픈 예감은 늘 적중한다.

"여보!! 정우 어떻게!"

가슴이 철렁 내려앉았다. 하고 있던 일을 모두 멈춘 채 소리 나는 곳으로 뛰어가고 있었다. 맙소사!! 내 분홍 립스틱으로 입술을 찐~하게 바른 것도 모자라 눈까지 칠한 것이 아닌가. 짧은 그 찰나의 순간 별생각이 스쳐 갔다.

'안 다쳐서 다행이네. 립스틱에 화학 성분이 많을 텐데. 좋은 립스틱을 사둘걸. 눈에는 안 들어갔나.'

걱정도 잠시, 엄마 흉내를 내는 모습이 귀여워 연신 카메라 버튼을 눌러 댔다.

"정우야, 어디 가려고?"

손가락으로 밖을 가리킨다.

"엄마처럼 입술 바르고 밖에 나가고 싶었어?"

"네~!"

"그래, 우리 입술 바르고 밖에 나가보자."

나도 립스틱을 짙게 바르고 거울을 보며 입맞춤을 보낸다. 쪽!

구르기 선수

아이가 태어난 순간부터 지금까지의 모습을 사진에 담아 컴퓨터 외장 하드에 저장해 놓았다. 아이는 쑥쑥 자라 지금의 어여쁜 모습을 눈에 담느라 예전 머리털 없던 시절을 종종 잊어버린다. 그래서 그런지 엄마들 누구나 그렇듯 아이를 재우고 나면 옆에 누워 휴대폰 사진첩을 열어 본다. 불 꺼진 방 안에 휴대폰 화면의 불빛이 미소 짓는 내 얼굴을 밝히고 있다. 아이의 역사가 주마등처럼 스쳐 지나간다. 언제 이렇게 컸는지…….

아이는 성장하는데 엄마인 나도 성장하고 있는 걸까? 아이가 이렇게 컸는데 나는 그만큼 늙었겠지? 캄캄한 밤 홀로 자아 성찰의 시간까지 가져본다. 아이는 이렇게 성장하며 엄마도 성장하게 해주는 존재인가 보다.

요즘같이 자기 고집이 생겨 떼가 늘어난 아이를 훈육하기란 쉽지 않다. 어느 책에서는 아이의 고집이 생기는 것은 엄마로서는 힘들지만, 아이가 사회성을 습득하고 있다는 의미이자 성장의 발판이라고 한다.

며칠 전, 백화점에서 정우랑 걸어가고 있는데 갑자기 엘리베이터를 탄다고 고집을 부렸다.

"우리는 저~기로 갈 거야. 엘리베이터는 집에 갈 때 타고 가자."

"잉~~잉~~~"

떼를 쓰며 엘리베이터 앞까지 데굴데굴 굴러가서 버튼을 눌렀다. 길가다 떼 부리며 드러눕는 아이의 엄마를 보며 짠한 눈빛을 보내던 나인데. 내가 그 짠한 눈빛을 받고 있었다.

욱하는 마음을 다잡으며 말했다.

"그래~ 올라갔다 오자."

딩동. 엘리베이터 두 대 중 왼편 엘리베이터 문이 열렸다. 그러자 갑자기 오른쪽 엘리베이터를 가리키며 '잉잉' 거리는 것이 아닌가.

"정우야, 이거 타야 해~ 저거는 안 온대."

"즈츠꺼 즈츠꺼!! 잉~~" (저쪽 거 저쪽 거 탈래요.)

'후~~하' 깊이 심호흡을 하며 울렁대는 가슴을 가다듬었다.

"그래. 그럼 잠깐 기다려야 해."

딩동. 다시 버튼을 누르고 기다리자 오른쪽 엘리베이터가 열렸다. 그러자 다시

"즈츠꺼 즈츠꺼! 잉~~"

이런! 확 그냥. 막 그냥. 아주 그냥. 이런 일들이 요즘 다 반사다.

어른들 말씀 틀린 거 없다더니. '걷기 시작하면 길 때가 좋고, 기기 시작하면 누워있을 때가 좋고, 그중에 제일인 것은 배 속에 있을 때가 제일 편하다.'

외장 하드 속 사진들을 끄적이다 개구리 올챙이 적 사진을 보았다. 정우가 천장을 바라보며 바둥바둥 누워있기만 할 시절, 일명 뒤집기도 하지 못하는 시절, 할 줄 아는 거라곤 눈 껌뻑이기와 우는 것뿐인 시절의 사진.

"이때가 좋았는데. 아~ 벌써 그립다. 근데 이때도 모유 수유 때문에 힘들었는데."

시간 지나면 이 순간도 그리운 시절이 되겠지. 그래서 나는 이 순간을 정우와 나의 성장통이라 생각하며 힘을 내련다. 오늘도 정우는 구르기 선수라도 되는 양 데굴데굴 구르기 연습을 한다.

"데굴데굴 비켜나세요~ 정우 굴러가 유~"

내가내가 병

스스로 자기를 지칭하며 베이비라 외치던 정우가 이제는 자기 가슴을 두드리며 "뎡우. 뎡우."라고 어설픈 발음으로 뭐든지 자기가 하겠단다. 자기 전에 내가 먼저 불을 끄면 집이 떠나가라 울며 "뎡우! 뎡우!"를 외치기 일쑤고, 엘리베이터 버튼을 잽싸게 누르고 와서는 "뎡우! 뎡우!" 라며 자기가 누르고 왔다는 것을 자랑하고는 '헤헤' 웃는다.

자기 딴에는 대단한 일을 해내고 있는가 보다. 요플레부터 시작해서 뜨거운 국물까지 "뎡우! 뎡우!"를 연발하며 직접 떠서 먹겠다고 한다. 당연히 숟가락은 코로 가는지 입으로 가는지 방향 감각을 잃은 채 공중을 누비고는 얼굴이며 손이며 탁자에 흔적을 남긴다. 이유식을 만들어 한 숟갈, 두 숟갈 떠먹이면서 시중들던 날이 엊그제 같은데 혼자서 서

툰 숟가락질을 한다.

"기특하다. 우리 아가~"

눈가가 촉촉이 젖는 것도 잠시. 국으로 첨벙첨벙 물놀이를 하질 않나, 먹고 싶은 반찬만 먹고서는 "마~니, 마~니" 손을 하늘로 들어 올려 만세를 한다.

또다시 부글부글. 곧 숟가락을 엄마에게 빼앗긴 정우는 자신의 이름을 외쳐대며 울기 시작한다.

요즘은 스스로 하려는 아이를 더럽힌다며, 잘하지 못한다며 제지하는 엄마가 되지 않기 위해 한 발자국 뒤로 물러나서 먼저 하길 지켜봐 준다. 훗날 밥 먹으려고 식탁에 앉았는데 다 큰 아이를 "아~"하면서 떠먹여 주는 상상을 하니 끔찍하다.

"자기 빨래는 자기가 개켜야지~" 얘기했다가 "싫어. 엄마가 다 해주잖아."라는 말을 들을 수도 있는 노릇이 아닌가. 세 살 버릇 여든 간다는 말이 있듯이. 육아는 인내와 기다림의 연속이거늘. 후하.

육아 선배인 내 친구에게 이런 이야기를 했다.

"드디어 정우도 '내가내가 병'에 걸렸구나~"

"내가내가 병?"

"응. 뭐든지 '내가내가' 하면서 자기가 한다고 하는 병이래. 웃기지? 우리 애들도 그래. 이제 시작이다~"

큰 애가 다섯 살인 내 친구 이야기에 웃기면서도 당황스러웠다. 이런 행동에 '내가내가'라는 이름을 붙인 것이 웃기면서도 다섯 살인데도 뭐든 시간이 두 배로 걸린다는 사실에 당황스러운 감정이 올라왔다.

아이와 함께하는 시간은 조금 더 천천히 즐기면서 보내고 싶지만 바쁜 일상에서 마냥 기다려주고 지켜볼 수만은 없는 상황들이 있기 때문이다. 아이는 스스로 해보려고 노력하는 자립적인 행동을 하는데 엄마인 내가 제지한다면 마마보이나 부모의 도움 없이는 눈치만 보는 아이가 될 수 있다는 생각이 든다.

"충분히 생각할 시간을 주고 행동할 수 있는 시간을 줄게. 차근히 네 방식대로 해보렴."

오늘도 집을 나서기 전 준비 시간은 2시간이다.

비타민

어린아이를 돌보는 일이 이렇게 힘이 들 줄 누가 상상이나 했겠는가. 아이에게 모유 수유를 하며 '동물들은 새끼를 낳으면 곧바로 걷고, 스스로 먹이를 먹는데 사람의 아이는 스스로 걷지도, 먹지도 못할까.'라고 수도 없이 생각했다. 스스로는커녕 오히려 수유에서 이유식으로, 또 밥과 반찬을 매번 삼시 세끼 20년이 넘도록 차려 줘야 한다. 거기다가 커가면서 말도 지지리도 듣지 않는 아이를 생각하면 속이 새까맣게 타들어 간다.

정우는 물놀이를 정말 좋아한다. 그래서 목욕을 할 때면 욕조에서 나오려 하지 않는다. 욕조에 물을 담아 허리를 숙여 팔, 다리, 엉덩이 구석구석을 닦아주고, 헹궈주고 온갖 비위를 맞추며 어르고 달래야 겨우 밖으로 나온다. 그다음이 문제다. 물기를 닦자마자 쏜살같이 도망치기 바쁘다. 알몸으로 춥지도 않나. 감기에 걸릴세라 한 손엔 로션을, 다른 한 손엔 기저귀를 들고 나도 '졸졸졸' 쫓아다니기 바쁘다. 어느 날에는 영역 표시하는 강아지처럼 여기 찔끔, 저기 찔끔 오줌을 싸고는 '헤헤' 웃으며 약을 올리기도 한다. 그러다가 자기가 싸 놓은 오줌을 밟고는 벌렁 뒤로 넘어져 숨넘어가라 울기도 한다. 요놈을 잡아서 로션을 바르고 나면 또 '까르르' 웃으며 달아나 버린다. 부글부글 가슴속 깊이 끓어오르기 시작한다.

"이느므쉐키."

아이가 들을세라 차마 똑바른 발음으로 욕은 못 하겠고, 끓어오르는 마음은 분출해야겠고 소심하게 늘어뜨려 정우를 부른다. 마지막으로 내복 입히기가 남아 있다. 하아. 왜 이렇게 산 넘어 산이 나오는 걸까. 흡사 우리네 인생과 비슷하다.

이제는 내가 지쳐 정우가 좋아하는 장난감이나 사탕으로 유인을 한다. 그제야 '쪼르르' 달려와 눕는다. 이렇게 목욕과 옷 입히기를 끝마치고 나면 나는 전쟁터에서 돌아온 군인처럼 진이 쪽 빠져버린다. 다시 전쟁터로 돌아가 목욕 정리를 끝마치고 거실에 나오니 TV에서 나오는 노랫소리에 맞춰 엉덩이를 '흔들흔들' 거리며 춤을 추고 있다. 나도 모르게 웃음이 터져 나왔다. 화가 나고 힘들었던 모습은 어디 가고 카메라를 들고 앞으로 쪼르르 달려가 "잘한다~ 잘한다~"를 연발하며 귀가 입에 닿을 만큼 웃으면서 셔터를 누른다.

예전에 TV에서, 주변에서 '아이를 보고 있으면 힘든 것도 모른다.'라고 말하는 사람들을 믿지 못했다. 그러나 이제는 나도 아이가 있어 더 욱더 힘이 난다고 말한다. 사람은 겪어보지 않으면 모르는 법이다. 육아로 힘이 들고 또 육아로 치유되는 아이러니한 일이 아닌가! 엄마, 아빠는 아이를 돌보며 수없이 좌절하고, 한숨 쉬며, 육체적으로는 근육통에, 만성 피로로 힘들어한다. 그런 우리가 할 수 있는 일은 지친 내 몸을 위해 피로 회복제 한 병을 '원 샷' 하며 위안 삼는다. 하지만 이제는 피로 회복제를 먹지 않아도 아이가 나에게 큰 기쁨과 행복감을 가져다준다.

"정우야 잘한다. 너는 나의 비타민이야! 캬하."

우리가 만난 날

내 뱃속 우봉이(태명)의 예정일은 1월 6일이었다. 그래도 12월을 넘겨서 태어난다고 다들 한시름 놓았던 기억이 난다. 12월 25일 크리스마스 날 친구들을 우리 집에 초대해 맛있는 음식도 먹고 대히트를 친 '도깨비' 드라마도 보며 한국인의 동양화, 고스톱도 따닥따닥 쳐가면서 시간 가는 줄 모르게 보냈다. 그렇게 바닥에 앉아 장시간을 보내서 그런지 그날 이후 배 뭉침이 잦아들었다.

2016년을 마무리하며 12월의 마지막 날인 31일도 무사히 보냈다. 다음 날 아침, 배가 살살 아픈 기운에 눈이 떠졌다. 주기적으로 진통이 오는 것을 느낀 나는 병원으로 간 것이 아니라 주방으로 가 냄비에 물을 올렸다. 병원에 가면 진통이 얼마나 지속하는지 모르니 든든히 먹고 오라고 했던 의사 선생님 말씀이 떠올랐다. 간편하게 먹고 가려고 라면 봉지를 뜯었는데 오늘이 1월 1일이라는 사실이 번뜩 스쳐 지나갔다. 냉동실에 보관해둔 떡과 만두를 주섬주섬 꺼내어 라면과 함께 끓는 물에 퐁당 넣었다. 마지막엔 계란까지 탁!

남편과 마주 앉아 먹다가, 도저히 배가 아파 일어서서 먹다가, 다리를 배배 꼬며 먹다가, 식탁에 기대어 먹다가, 별 이상한 자세로 어떻게 해서든 먹어야겠다는 집념으로 한 그릇을 비워냈다. 그러고는 남편 차를 타고 병원으로 가는 동안 안전벨트를 부여잡고는 몸을 웅크린 채 요지부동의 자세로 도착했다. 곧바로 나는 대기실로 이동했고 간호사 한 분이 오시더니 내 상태를 체크했다.

"아니, 지금 애가 나오게 생겼는데 무슨 정신으로 밥을 드시고 오셨어요? 대단하시네요. 바로 분만 시작할게요. 준비하세요."

"선생님, 무통 주사 좀 놔주세요. 너무 아파요."

"자궁 7센티 열렸어요. 주사 못 놔드립니다."

"꺄악~~~!"

아픈 것을 잘 참는 나지만, 이제 와 생각해보면 무식하게 참은 것 같다. 이렇게 나는 병원 도착 1시간 만에 정우를 분만했다. 예상치도 못한 1월 1일의 생일을 갖게 된 정우. 특별하기도 하면서 어쩌면 불편한 생일이 될 수도 있을 것 같다.

2018년 생일은 가족들끼리 돌잔치를 하느라 정신없이 보냈고, 2019년 이번 생일은 시댁, 친정, 정우 친구들끼리 각자 생일파티를 여러 번 했다. 솔직히 크리스마스에, 연말에 가려져 정우의 생일은 뒷전이었다.

다른 기념일보다 정우의 생일이 제일인 것을. 내가 정우를 낳았다는 것에도 큰 박수를 보내고, 정우가 우리에게 찾아와 준 아주 특별한 날이니까.

조금 더 크면 자기 생일에 불만을 표하며 나에게 뭐라고 할 정우를 생각하니 웃음이 난다.

"정우야, 네 생일이 1월 1일이든, 12월 1일이든 너의 생일의 의미는 정우 네가 아빠, 엄마에게 찾아와 준 특별한 날이라는 거야~ 아빠, 엄마에겐 정우 네가 무척이나 소중하단다. 너의 세 번째 생일을 진심으로 축하해."

동생이 필요해

요즘 들어 정우가 인형을 끌어안고는 좌우로 흔들흔들, 자장자장, 맘마까지 먹여주는 모습을 보고 결심했다. 동생은 못 만들어 줘도 동생 인형은 하나 사줘야겠다고.

딩동딩동. 초인종 벨이 울린다. "어?"라고 말하면서 쪼르르 현관문 앞으로 내달린다. 택배 아저씨의 등장에 "아자씨! 아자씨!"를 외치며 콩콩 제자리 뛰기를 30번은 뛴 것 같다. 택배 아저씨가 내민 큰 상자를 받아 들고는 동생이 왔다고 이야기했다. 그랬더니 자기 가슴을 두드리고는 "베이비~ 우 베이비"라며 본인이 아기라고 말한다. 동생을 아직 못 받아들이는 걸까? 반신반의하며 아기 인형을 꺼내어 주었다. 난리가 났다. "베이비! 베이비!"를 외치며 끌어안고 격렬한 포옹과 함께 입맞춤하고는 어디든 함께 다닌다. 세 살에 애착 인형이 생겨버렸다. 아니 어린 동생이 생겼다.

“정우야~ 밥 먹자.”

“가치! 가치! 베이비 가치!”

어디서 ‘같이’라는 말을 배워 와서는 동생과 함께하겠단다. 밥을 먹을 때에도 비좁은 1인용 의자에 나란히 앉아 같이 밥을 먹고, 금쪽같은 과자를 먹을 때에도 “정우 한입, 베이비 한입.” 나누어 먹고, 동생이 배가 아프다며 진찰도 하고 주사도 놓아 준다. 잠을 잘 때도 ‘자장자장’ 하며 이불을 덮어주고, 아침에 눈을 뜰 때면 베이비부터 찾는다. 이상하게 서운한 마음이 들기도 한다. 그만큼 동생의 매력에 푹 빠진 모양이다.

오늘은 정우와 아쿠아리움에 가기로 한 날.

기나긴 준비를 마치고 나서려는데 현관문 앞에서 낑낑거리는 소리에 달려갔다. 동생 인형에게 자기 신발을 신겨주고 있는 것이 아닌가!

“앙대~ 앙대~으앙.”

신발이 신겨지지 않는다며 신경질을 내며 신발을 던져버린다. 실소가 터져 나왔다.

“정우야 베이비는 어려서 신발을 안 신어도 된대~”

“안 신어? 베이비 가치.”

“정우야 베이비는 졸려서 집에서 자고 있는데~ 자장자장 해주고 엄마랑 아빠랑 물고기 보러 가자.”

종종걸음으로 안방으로 달려가 동생 인형을 눕히고 이불을 푸욱 덮어주고는 가슴을 두드리며 “자장자장 코~“하며 나오는 모습이 정말 사랑스러웠다. 나도 모르게 정우가 동생 인형에게 그러듯 정우의 볼에 연신 뽀뽀를 하고 두 팔 벌려 꼬옥 안아주었다.

"엄마가 정우 너를 사랑하는 것처럼 정우 너도 동생을 많이 사랑하는구나. 이렇게 정우 너는 엄마의 마음을, 엄마는 정우 너의 마음을 조금씩 알아가는 건지도 몰라. 동생의 의미는 참 큰 거구나."

내가 피자 요리사

어린이집에서 가정 통신문이 왔다. 정우가 선생님하고 친구들과 함께 피자 만들기 체험을 하러 가니, 앞치마와 두건을 보내 달라는 내용이다. 파란색 앞치마와 두건을 둘러쓴 정우가 피자를 만드는 모습을 상상하니 피식 웃음이 나왔다. 피자가 무엇인지는 알까? 피자 맛도 모르는 녀석이 피자를 만들러 간다니 설레면서도 한편으로는 걱정이 들었다. 큰 버스에 올라타 친구들, 형, 누나와 함께 노래를 쫑알거리며 가는 모습이 그려지면서 버스는 처음 타보는 정우이기에 마음이 두근두근 뛰었다.

'잘 할 수 있겠지?'

정우를 보내 놓고는 피자를 만들러 간다는 시간이 다가올수록 초조

해졌다. '몰래 가서 볼까? 아니야 눈이 마주칠지도 몰라. 만드는 모습을 보고 싶기도 하다.' 혼자서 소리 없는 고민을 하며 시간을 보내고는 부랴부랴 정우를 데리러 갔다. 조그마한 피자 상자를 쫄래쫄래 흔들며 달려 나오는 정우. 해냈구나!

집에 와서 처음 맛본 정우의 피자는 훌륭했다. 요리사로 키워야 하나? 우 셰프. 요즘은 남자 요리사들이 대세라는데. 잠시 고민에 잠기는 찰나였다.

그날 밤, 자기 전에 정우에게 물었다.

"정우야, 오늘 피자 만들기 잘하고 왔어?"

"누나~ 누나~ 슨생님! 이온이~(지온이) 피자."

"누나랑 선생님이랑 지온이랑 피자 만들었어?"

"네! 띠즈 얹고~ 행 얹고~ 파니내프 얹고~ !@#$% 얹고~ *&%$# 얹고~ 피자~~~~!! 아빠 피자, 엄마 피자, 베이비 피자, 아빠 한입, 엄마 한입, 베이비 한입."

계속 반복해서 재잘재잘 이야기해 준다. 치즈와 햄, 파인애플을 기억해 내고 거기다 아빠와 엄마까지 챙겨주는 정우의 배려에 감동의 쓰나미를 느끼고는 꼭 끌어안아 주었다. 얹은 다는 말은 또 어디서 배워서는 짜식.

그러고는 문득 자기 전에 누워서 오늘 있었던 일을 나에게 말해주는 것이 정말 대견하게 느껴졌다. '시간이 지나 중학생, 고등학생이 되면 오늘같이 이렇게 재잘재잘 자신의 일과를 이야기해 줄까? 난 아이에게 친구 같은 엄마가 되어 줄 수 있을까?'라는 들리지 않는 물음을 해 본다.

정우의 피자 만들기 이야기는 했던 말을 하고 또 하고, 계속해서 똑같이 반복했지만 나는 지루하지 않은 이야기를 대략 15분가량 들어주고는 다음번에 아빠랑 엄마랑 같이 피자를 만들러 가겠다는 말로 잠재울 수 있었다.

아이가 말이 늘수록 엄마가 피곤해진다는데 훗날 과묵해질 정우를 생각하니 마음 한편이 씁쓸하다. 정우의 재잘거림을 피곤해하지 않고, 내 이야기도 터놓을 수 있는 서로를 친구라고 생각하는 엄마와 아들이 되리라 다짐해 본다.

엄마가 뿔났다

근래 들어서 정우에게 화를 많이 냈다. 미운 네 살이라더니, 요즘은 미운 세 살인 가 보다.

바쁜 아침. 간단한 요깃거리로 '햄 치즈 샌드위치'를 데워 줬는데 자꾸만 "더거워. 더거워."라면서 머리를 절레절레 흔든다.

"뜨거워? 정우야 뜨거워?"

"네! 더거워!"

그러더니 햄만 쏙쏙 골라 먹는다. 늦을까 봐 빈속보다는 햄이라도 먹이는 것이 낫겠다 싶어 그냥 두었다. 세수하고 있는 나에게로 쪼르르 달려와 "행! 두떼여."라며 두 손바닥을 포개어 내민다. 냉장고 속에서 잠자고 있는 샌드위치를 또다시 꺼내어 데우고 잘라주기가 귀찮기도 하고 시간이 촉박하게 느껴졌다.

“정우야~ 햄만 먹으면 안 되지. 치즈도 먹고, 빵도 먹어야지 튼튼해진대.”

“행! 행!”

막무가내로 햄을 외쳐대며 드러눕기 시작한다. 내 눈썹은 꿈틀꿈틀하다 치켜 올라가더니 결국 정우의 엉덩이를 팡팡 때리고는 검지를 펴서 이마에 가져다 댔다.

“엄마 화났지! 화!”

그날 저녁. 정우와 함께 밥을 먹는데 먹고 싶은 반찬만 골라 먹으며 숟가락 위에 밥을 뜨고, 밥 위에 꼬꼬 반찬을 올려 달라고 떼를 쓴다. 심호흡을 크게 한번 하고는.

“정우야~ 숟가락이 좁아서 다 못 올라간대. 정우 입에서 만날까?”

“꼬꼬 마니~ 꼬꼬 마니~ 드개!”

심지어 닭고기를 두 개나 올리라고 손가락 두 개를 펴 보이며 떼를 쓴다. 달래고 달래다 들고 있던 숟가락을 내려놓고 검지를 펴서 이마에 가져다 댔다.

“엄마 화났지! 화!”

그날 밤. 정우와 나란히 누워서 오늘 이야기를 주고받았다.

“엄마가 아까 정우한테 화냈지? 정우가 엄마 말 안 들어서 화냈지? 미안해. 엄마가 속상해서 그랬어.”

갑자기 내 말을 듣고는 벌떡 일어나 앉으며 내가 그랬듯, 검지를 이마에 가져다 대면서 “엄마 화! 엄마 화!”라고 외치는 것이 아닌가!

거기다 결정타를 남겨준다.

"햄~ 맘마!"

충격이었다. 화를 낸 것도 기억하고, 정확히 언제, 무엇 때문에 화를 냈는지까지 말을 하니 말이다. 하지만 충격받은 것을 티 내면 안 된다는 생각에 뜨끔하면서도 차분히 이야기했다.

"그래~ 햄만 먹으려고 해서 엄마가 화났지? 맘마 먹을 때 꼬꼬만 먹으려고 해서 엄마가 화났지? 정우가 그렇게 하면 엄마가 속상해서 그래. 그러니까 엄마 말 잘 듣자."

"네~~!"

엄마도 그럴 때가 있다. 무엇이 옳은지, 어떻게 행동하는 것이 맞는 것인지 알지만 오늘은 하지 않고 싶을 때도 있다. 입맛이 없어 밥을 먹고 싶지 않고 싶을 날. 누군가가 억지로 밥을 먹인다면 나라도 화가 날 것이다. 하지만 작은 천사들은 넙죽넙죽 꾸역꾸역 받아먹어 준다. 엄마로서는 아이가 한 끼라도 안 먹으면 어떻게 되는 줄 알고 애를 써가며 먹이려 한다. 나도 그랬으니까. 조금 더 아이의 마음에서 바라보는 시각을 가져야 한다. 그래야 엄마 머리에도 뿔이 나지 않을 테니까.

그녀는 예뻤다

오늘도 한숨을 푹푹 내쉬며 아이에게 화를 내지 않으려고 마음을 다잡아 본다. 정우는 양치하는 것을 싫어한다. 누굴 닮은 걸까. 그렇다. 나다. 어릴 적, 아빠가 양치하자고 칫솔을 들면 쏜살같이 도망가 이불 뒤집어쓰고 숨어 있다가 잠들곤 했다.

남편도, 나도 잇몸이나 치아는 약한 편이어서 몸이 피곤하면 바로 입안에 염증이 난다. 구강은 뽀뽀나 식생활을 통해 영향을 많이 받으므로 신경 써서 관리해 주려고 애쓰는 편이다.

"정우야~ 정우야~~ 정우야!"

다정하던 목소리가 점점 높아진다. 자기 전, 아이와 나는 때아닌 기싸움을 벌인다. 어르고 달래기도 해보고, 화장실에 신기한 물건으로 유혹해보고, 캐릭터 칫솔도 사용해보고, 별별 방법을 썼지만 일단 화장실로 들어오게 하는 것부터가 난관이다.

오늘은 화장실에 있는 노란색 클렌징폼으로 유혹하는 데 성공!

"정우 세 번~ 엄마 다섯 번~ 어? 정우 세 번 했으니까 엄마도 해야지."

"마~~니."

"그럼 정우도 다섯 번 해. 하나, 둘, 셋, 넷, 다섯! 이제 엄마 차례!"

"아니."

이렇게 실랑이를 3분쯤 했을까? 계단 디딤대에서 발이 미끄러져서 뒤로 넘어갈 뻔한 것을 머리를 받쳐 잡아 세웠다. 순식간에 등에 식은 땀이 났다.

"우정우! 누가 화장실에서 장난치래! 화장실은 위험한 곳이라고 했지! 칫솔 엄마 줘!"

화내지 않겠다던 다짐은 신기루처럼 어디로 사라졌는지 목청 높여 다그친다. 아이는 목 놓아 운다. 본인도 놀랐나 보다. 입을 크게 벌리고 엉엉 우는데 이 상황에서 희한하게 가지런한 치아가 보인다. 지금이다! 쓱싹쓱싹. 으앙. 쓱쓱 싹싹. 엉엉.

재빨리 양치를 마치고 입을 헹궈내고는 화장실 밖으로 나가 화장실은 위험한 곳이라고 이야기를 해주고 꼭 안아주었다.

두 번째 난관. 재우기가 남았다. 오늘 아빠가 책도 읽어주고, 함께 번개맨 체조도 해서 그런지 아빠를 찾으며 울부짖는다. 덕분에 평소보다 1시간이나 늦춰졌다. 결국엔 문을 꽝 닫으며 외쳤다.

"공룡이다! 공룡이 나타났다!"

정우는 공룡을 좋아하면서도 무서워하기에 쪼르르 달려와 내 얼굴에 엉덩이를 들이밀며 바짝 눕는다. 한동안 자는 척 가만히 있다가 휙 돌아서서 내 얼굴을 더듬더듬 만지기 시작한다. 꼬집기도 하고 장난을 치다가 눈썹을 쓰다듬으며 더듬더듬 입을 뗀다.

"눈떱... 예뻐."

"응? 정우야, 뭐라고?"

"엄마 눈 예뻐." 눈을 콕 찌르며 이야기한다.

"엄마 코. 엄마 코 예뻐." 코를 잡아당기며 이야기한다.

한순간 무한 감동을 받았다. 아들도 남자라고 감동을 받다니. 내가 딸이 있어 딸아이가 내 얼굴을 만지며 다정스레 예쁘다고 해도 감동을 받을 것 같다는 생각에 미치자, 나도 여자라고 예쁘다는 말에 감동을 받는구나 싶었다. 정말 오랜만에 들어보는 예쁘다는 말.

"정우야~ 엄마 눈~ 코~ 입~ 예뻐? 그럼 엄마~ 예뻐?"

"……."

대답이 없다. 잠이 들었나 보다.

엄마가 아무리 화내어도 아이에게는 엄마가 예쁜 천사로 보이는 것일까. 쌕쌕 잠든 아이를 바라보니 작은 천사가 우리 집에 몰래 온 것만 같다. 진짜 하늘에서 내려온 천사는 아이였다.

당신이 잠든 사이

"워어어억!" 소리에 몸이 먼저 반응한다.

"정우야, 왜 그래? 꿈꿨어?"

"네. 맴맴~"

"매미 꿈을 꿨어?"

"네. 매미 무떠워."라며 양손을 다소곳이 가슴으로 모은다. 지그시 눈을 감고 또박또박 이야기하는 것이 마치 최면에 걸린 듯하다. 이것이 최면이란 건가. 신기해하고 있는 찰나.

"엄마. 아빠."

"그래~ 엄마, 아빠 옆에 있으니까 안 무섭지?"

아빠는 정우가 무언가 무서워할 때 "엄마, 아빠가 옆에 있으니 무섭지 않다"라며 다독이고는 손을 꼭 잡아주거나 안아준다. 그 모습이 생각났나 보다.

"네."

"엄마가 손 꼭 잡아줄게. 잘 자~"

내 손을 꼭 마주 잡고 스르르 잠에 빠진다. 나를 믿고 편히 잠을 잔다.

뒤척뒤척. 이리 누웠다가 저리 누웠다가 화장실도 다녀왔는데 잠이 오질 않는다. 이렇게 벌써 한 시간째다.

정우는 내 팔이 없이는 잠을 못 자는 녀석이다. 엄마 귀 만지며 자는 것보다 낫다며 애써 위로해본다. 새벽에 깨서 나도 졸린 와중에 팔을 내어주고 있자니 짜증도 나고 내 잠이 깨어버리기 일쑤다. 왜냐하면 팔을 만지는 수준이 박박 긁거나 꼬집기 때문이다.

정우는 잠이 없는 편에다 예민하기까지 하다. 심한 날에는 두 시간 간격으로 빽빽 울어댄다. 물론 돌 지나서도. 지금까지도.

당연히 조용한 날도 있다. 그럴 땐 네 시간 간격쯤 된다. 그리고 꼭 아침 6~7시 사이에 낑낑거리며 뒤척인다. 이때 나는 좀비 상태로 팔을 내어주며 뜬 눈으로 쪽잠을 자다 칼같이 8시 되기 10분 전 기상하신다. 군대에 보내야 하나. 정확하다. 7시 50분.

그러니 나는 25개월 동안 푹~ 자본 것이 열 손가락 안에 꼽는다. 그렇다고 내가 낮잠을 즐기는 편도 아니다. 아이가 잘 때 다 내려놓고 자야 하는데 희한하게 잠이 오질 않는다. 임신했을 때도 낮잠 잔 일이 열 번도 채 되지 않는다. 몸은 피곤한데…….

누굴 탓하랴. 잠 없는 엄마를 닮아 잠이 없는 아들인 것을. 역시 유전자의 힘은 위대한 것임을 새삼 느낀다. 나는 다시 돌아누워 기저귀도 살펴보고, 입술에 비판텐도 발라주고, 내복이 바지에서 빠졌나 살펴도 보고, 발로 차낸 이불 다시 덮어주며 날을 샌다.

어쩌겠나. 내 배 속으로 낳은 아이. 나를 믿으며 다시 잠드는 아이. 난 오늘도 아이가 잠든 사이에 불침번을 선다.

'그래. 조금만 더 커서 같이 자자고 하면 도망간다는데.' 지금 불침번이라도 실컷 서두자.

엄마는 신데렐라

신데렐라는 마법으로 호박 마차를 타고 멋진 드레스를 입고 반짝반짝 빛이 나는 투명한 유리 구두를 신고 으리으리한 성으로 간다. 왕자님을 만나 사랑에 빠져 즐겁게 춤을 춘다. 그러고는 12시가 되기 전에 집으로 돌아와야 한다. 그렇지 않으면 마법이 풀려 누더기 옷을 입은 신데렐라로 돌아가기 때문이다.

나는 화장을 하고 자동차를 타고 점잖은 옷을 입고 예쁜 구두를 신고 회사로 출근한다. 나는 일하는 사람으로 변신해서 일한다. 그러고는 어린이집이 끝나는 시간에 맞춰 아이를 데리러 가야 한다. 그렇지 않으면 아이는 친구들이 엄마와 함께 한 명, 두 명 집으로 갈 때마다 엉엉 울어야 한다. 나는 아이를 데리러 가는 시간에 엄마로 돌아간다.

아이를 어린이집에 보낸 7시간. 길면 긴 시간이고, 짧다고 하면 짧은 시간이다. 그 시간을 일하면서 보내는 워킹맘이나, 집에서 집안일을 하며 보내는 전업주부나 아이를 픽업해서 집으로 돌아오면 또다시 집안일과 육아가 시작이다. 햄스터가 쳇바퀴에서 열심히 뛴들 앞으로 나아갈 수 없듯이 우리 엄마들도 항상 제자리걸음을 하는 듯한 기분이 든다. 물론 아이가 조금씩 성장하는 모습을 보면 기쁘면서도 한편으로는 아이가 자라는 만큼 나도 늙어가고 있는 것을 깨닫는다.

나는 예전 하던 일을 이어 하지 않고, 아이 시간에 맞춰 일자리를 구했다. 내가 하고 싶은 일은 따로 있지만, 아이에게 맞춰줄 수 있는 직장을 찾기란 쉽지가 않다. 어렵사리 아이를 보살피며 일을 할 수 있는 직장을 찾아서 열심히 일하고 있다. 각자의 위치에서 엄마도 엄마의 일을 하고, 아이도 아이 나름대로 열심히 하는 모습을 상상하며 힘을 불끈 내본다.

우리 아이 책 한 권 더 사주려고 시작한 일인데 몸도, 마음도 천근만근이다. 우리 예쁜 정우는 엄마 마음을 아는지 모르는지 집에 오면 “엄마~ 엄마~”하며 졸졸졸. 귀여움도 잠시.

“엄마가 설거지하고 해줄게. 잠깐만~ 잠깐만 기다리래도!”

기다리다 지친 정우는 결국 “으~~~앙!”

집안일은 잠시 뒤로 밀어 두고 아이에게 집중했어야 했는데……. 또 자책하며 아이를 품에 안고는 토닥인다.

“엄마가 미안해. 정우가 부를 때 달려와야 했는데. 미안해 정우야.”

"엄마. 인나요. 안아도."를 연발하며 손가락으로 이쪽저쪽 가리키며 나를 이끈다. 나는 배의 키가 되어 정우 선장이 가리키는 곳으로 방향을 튼다. 또 무엇을 꺼내 달라고 하려나. 또 무엇을 하자고 하려나.

오늘은 설거지를 뒤로 미룬 채 정우의 하나뿐인 배가 되어 콜럼버스가 미 대륙을 발견했듯이 우리 집 구석구석을 탐방해야겠다.

"뿌~ 뿌우~ 정우 배가 나갑니다!"

제2장
내 꺼인 듯 내 꺼 아닌 너

단단한 엄마

하하하.

일단 웃고 시작하려고 한다. 요즘 내 모습은 만성 두통에 얼굴은 뾰루지와 뾰루지 상처들로 뒤범벅이다. 우리 집 상전께서 기분이 좋았다가도 갑자기 버럭 하고 또 슬퍼하기도 하다가 언제 울었냐는 듯 방긋 웃기 때문이다.

8개월 때쯤 낯가림이 시작되던 때, 코알라 등에 매달린 새끼 코알라처럼 내 허벅다리에 찰싹 붙었다. 꼬물꼬물 작은 손으로 내 옷자락을 부여잡고 떨어지지 않으려고 안간힘을 쓰던 그때처럼 지금 다시 그러고 있다. 8개월 때는 걷지 못해서 안고 있었다면 지금은 "엄마. 안아도!"를 외치며 바짓가랑이를 붙잡는다. 하아. 엄마 똥이라도 마음 편히 싸자. 이제는 화장실 문을 열어 놓고 큰 볼일 보는 것이 익숙하다. 아니,

문이 닫혀 있는 게 답답하게 느껴지기까지 한다. 오 마이 갓! 내가 이 지경까지 오다니. 아줌마가 다 됐다.

떼쟁이가 된 정우는 좋아하던 어린이집도 가지 않겠다며 떼를 쓴다. 어린이집 앞까지는 신나게 뛰어가서 옆 놀이터로 새기 일쑤다. 시간이 되는 날은 미세먼지와 고군분투하며 놀다가 들어간다. 그래도 들어갈 때가 되면 닭똥 같은 눈물을 뚝뚝 떨어트리며 발버둥을 친다. 마음이 편치 않다. 출근해서도 신경은 아이에게 가 있다. 오늘도 하원 해서 되지도 않는 생떼를 부리는 아이를 바라보며 남편과 나는 머리를 절레절레 저으며 한숨을 내쉰다. 아빠가 가서 달래주면 밀어내면서 엄마를 찾는다. 휴……. 그래, 또 나다.

안아서 토닥토닥.

그날 밤. 재우는데 떼를 8번인가 쓰고 있다. 나는 이미 극한 스트레스로 만신창이가 된 상태. 정말 마지막으로 한 번 더 올라오는 화를 꾹꾹 눌렀다. 화제를 돌리고자 오늘 어린이집에서 있었던 일들을 물었다. 요즘 말문이 트여서 많은 이야기를 한다. 단, 발음이 부정확해서 다른 사람들은 잘 알아듣지 못한다는 것이 함정이지만.

갑자기 할 말이 많은지 더듬더듬 거리기 시작한다.

"정우 엄마가~ 선생님~ 정우 엄마가~ 빠빠이(손 흔들더니 고개 끄덕) 가떠요."

"정우 엄마가 갔어요?"

"네. 정우 엄마가~ 정우 엄마가~ 가떠요. 빠빠이~"

마음 한쪽이 아려온다. 폭발 직전이었던 나는 그 뜨거운 김이 사라지고 이상한 감정이 북받쳐온다. 엄마가 너를 두고 떠난 게 아닌데 그렇게 받아들이고 있는 건가 싶기도 하고, 일을 일찍 시작했나 싶기도 하고 오만가지 생각이 스친다.

"정우야~ 정우는 정우 나름대로 친구들하고 선생님하고 같이 재미있게 놀고, 엄마는 엄마 나름대로 일 열심히 제대로 하고, 아빠도 아빠 나름대로 열심히 일하고 다시 만나는 거야. 각자의 위치에서 열심히 하고 다시 만나지요~ 우리는 멋진 가족이잖아. 정우 잘할 수 있지? 파이팅~!"

"화팅!"하면서 하이파이브를 해주는 정우.

"고마워. 정우야~ 우리 힘내자."

"해내자(힘내자). 해내자(힘내자)."

힘내자를 따라 외치는데 발음이 부정확해서 마치 '해내자'라고 들린다. 울컥. 진짜 아줌마 다 됐네. 이번엔 눈시울이 뜨거워진다. 갑자기 정우가 나를 부른다.

"엄마. 엄마. 엄마. 엄마. 엄마."

"정우야~ 정우야~ 왜~"

"엄마야~ 엄마야~"따라서 나를 부른다.

고집불통 떼를 써서 내 마음을 꽁꽁 얼려 놓고 또 어찌 스르르 녹여주는 걸까. 얼었다 녹았다를 반복해서 이제는 단단해졌나 보다. 언제든지 드러누워서 떼쓰렴. 그럴수록 엄마는 더욱더 단단한 엄마가 될 테니까.

정우 콘서트

오늘도 나는 아이에게 시달렸다. 아니, 정확하게 말하자면 아이는 무언가 요구를 한 것이고 나는 그 요구를 알아들을 수 없거나 들어줄 수 없는 요구였기 때문에 떼쟁이가 된 아이에게 시달렸다. 그 떼쓰는 난이도가 최상급이어서 그런지, 그동안 수면 부족으로 인한 건지 뾰루지가 하나둘 생기더니 성인 여드름으로 변질되어 가고 있다. 깨끗하고 뽀얀 피부로 자신 있던 나인데 어쩌다 여드름이……. 그것도 나이 서른 넘어 성인 여드름이라니. 삶의 질이 떨어지고 의욕이 곤두박질치고 있는 요즘이다.

우유를 먹다가도 요구르트를 달라며 드러눕고, 세수 안 한다고 화장실 앞에서 도망치다 잡히면 드러눕고, 양치하는데도 일부로 물을 옷에

뱉어내서 다 젖게 만들고, 그냥 사탕 말고 막대사탕 달라고 엉엉 울고 하루에도 떼쓸 수 있는 내용이 다양하다. 아이가 세상을 알아갈수록 그 내용도 점점 진화하고 있는 듯하다. 역시 인간이란 적응력이 상당하다.

오늘도 재우려고 누우려는데 응가가 마렵다면서 문을 박차고 변기로 달려간다. 오늘은 많이 피곤해서 남편에게 부탁했다. 2분도 안 돼서 '다다다 다다' 날다람쥐 정우가 달려온다. 쌩~ 문 앞을 지나간다. 다시 '다다다 다다' 방으로 들어와 나를 지나쳐 커튼 뒤로 숨는다. 부글부글 끌어 오른다. 또다시 '다다다 다다.'

풉.

아이의 뒷모습에 실소가 터져 나왔다. 바지는커녕 기저귀도 입지 않은 채 올록볼록 엠보싱 같은 엉덩이로 '다다다 다다' 뛰어가는 날다람쥐. 다시 뛰어 들어오는 녀석을 내 품에 넣고서 "하하하". 한바탕 웃어젖혔다.

그러나 재우기는 다시 원점. 토닥토닥. 토닥토닥. 무한 반복 중이다. 그런데 이 녀석은 잠도 안 오는지 자기 언어로 블라블라, 무어라 무어라 떠들고 있다. 휴우. 속이 끓어오른다.

"잠이 안 와? 괜찮아. 엄마가 옆에 있으니까 걱정하지 마세요~"

잠잠하다. 정말 내 말을 듣고 자는 건가. 나는 내일 출근 생각과 여드름 생각에 머릿속이 복잡하다. 그때 갑자기 아이가 내 쪽을 쳐다보며 나를 부른다. 그럼 그렇지. 쉽게 잠들 리가 없지.

"엄마. 엄마. 거또 하지 마세요."

"응?"

"거또 하지 마세요~"

"걱정하지 마세요?"

"네."

이 녀석. 아까는 발가벗은 몸으로 날 웃기더니 이번엔 또 나에게 감동을 주는구나. 엄마를 위해, 엄마만을 위한 콘서트를 해주는 거야? 정말 고마워. 이깟 여드름 따위! 이겨낼 수 있어.

앵무새 길들이기

"전화 왔어요. 전화 왔어요."

쪼르르. 귀여운 아기 앵무새 정우가 총총걸음으로 달려온다. 몇 주 전 영유아 강의를 들었는데 이제 막 말문을 터뜨린 아이들을 본 엄마들은 환희에 찬 얼굴로 기대를 품으며 아이들에게 이것저것 물어보며 대화를 시도한단다. 그러나 돌아오는 건 한숨뿐. 그때의 아이들은 그냥 앵무새라고 생각하라고 해서 한참 웃었던 기억이 난다. 앵무새가 말을 할 줄 안다고 앵무새에게 대화를 걸진 않으니 말이다.

"맞네! 앵무새"

요플레를 잘 먹다가 무엇이 마음에 들지 않았는지 갑자기 요플레에 손을 첨벙 담갔다 뺀다. 손에 묻은 요플레가 싫어서 탈탈탈 손을 턴다.

오 마이 갓. 소파며, 책상이며, 바닥이며 하얀 반점이 콕콕 박힌다.

"정우야, 왜 그래? 요플레가 먹기 싫었어?"

"에엥. 으앙."

"왜 그래? 요플레가 맛이 없어?"

"에엥. 으아앙."

"먹을 거야? 안 먹을 거야?"

"에엥. 으아아 앙."

아뿔싸. 내가 지금 앵무새에게 무슨 말을 한 건지…….

저녁을 먹고 난 후, 정우가 제일 좋아하는 목욕시간.

"파란 물! 파란 물!"

물 색깔이 변하는 입욕제를 달라고 목청껏 외친다.

"정우야, 어떡하지. 오늘은 파란 물이 없는데."

"정우는~ 빨간 물! 빨간 물!"

"미안해. 정우야. 파란 물, 빨간 물 모두 없네. 어제 다 써서 없어요. 우리 파란 물은 내일 하자."

"파란 물! 파란 물!"

"파란 물 내일 온대~"

"파란 물! 파란 물!"

아뿔싸. 내가 지금 앵무새에게 무슨 말을 한 건지…….

그렇다면 앵무새에게 예쁜 말과 배려의 말, 수용의 말을 아주 많이 반복해 줘야겠다는 생각이 번뜩 들었다. 그러면 그런 듣기 좋은 말들을 자주 하겠지.

“정우야, 사랑해. 고마워. 엄마는 정우 많이 사랑해. 아빠도 정우 많이 사랑해. 정우도 엄마 많이 사랑해.”

“사랑해요. 엄마.”

“그리고 정우 옆에는 엄마가 항상 있으니까 걱정하지 마요.”

“거또 하지 마요. 엄마.”

동물의 왕국

정우는 세상 모든 것들을 친구라 생각하고 좋아한다. 모든 사물에 의미를 부여하며 인사해 주고 아빠, 엄마, 베이비를 붙여가며 역할도 나누어 준다. 가령 길을 가다 돌멩이를 발견하고는 "이건 아빠 돌멩이, 이건 엄마 돌멩이, 이건 베이비 돌멩이"라며 자랑을 한다. 그런데도 단연 으뜸인 것이 있다. 그건 바로 동물들이다. 집에서든 밖에서든 동물의 왕국이 따로 없다. 심지어 악어 모형을 보면 그 즉시 바닥에 바짝 엎드려 기기 시작한다. 그게 어디가 되었건 말이다. 제발. 여기서 이러시면 안 돼요.

아주 어린 시절부터 우리 집에는 자연관찰 책이 있었는데 내가 일단, 그 책을 보며 몰랐던 사실을 깨닫는 과정이 흥미진진해서 말도 못 하는 아이를 무릎에 앉히고는 동물들 흉내를 내기 바빴다. 흉내를 내면서도 나 자신이 웃겨서 '픽'하고 웃은 적이 한두 번이 아니다. 그러고서는 동물원, 곤충 박물관, 생태원을 데리고 돌아다녔다. 물론 다녀와서도 책을 보여주며 또 흉내 내기 바빴다. 그런데 지금 정우는 물고기 하면 손을 모아 물고기처럼 살랑살랑 춤을 추고, 코끼리 하면 코끼리 코를 만들어 소리를 내고, 도마뱀 하면 고개를 휙휙 좌우로 돌린다.

그러던 어느 날, 동물들이 등장하는 책을 보며 흉내를 내주었다.

"코뿔소는 코에 큰 뿔이 하나 있대요. 우와~ 무시무시하다."

"뿔 하나~"라며 코를 가리키고는 손가락 하나를 치켜세운다.

"코끼리는 코가 기다랗대. 코끼리 아저씨는 코가 손이래~"

"뿔 두 개~"라며 손가락 두 개를 들어 올린다.

"응? 뿔이 아니고 코가 기~~다랗 대. 엄마 좀 봐. 코가 길지?"

"코끼리~ 뿔 두 개!"

"정우야, 코끼리는 뿔이 없어요~"

자꾸 뿔이 두 개라며 떼를 쓰기 시작한다. 나는 어이가 없어 자연관찰에 있는 코끼리 책을 가져와 펼치며 말했다.

"봐봐~ 어라. 코끼리가 뿔이 있네? 상아가 있었구나! 정우야!! 너 천재야? 천재지?"

"코끼리~ 뿔 두 개~~"라며 상아를 짚어낸다. 아이는 어리면 어릴수록 정말 천재성을 발휘한다더니 어찌 이런 사소한 걸 기억해 내는지. 엄마가 너에게 배우는구나.

며칠 후, 또 다른 책을 보는데 개구리가 혀를 쭉 내밀어 파리를 잡아

먹는 장면이었다.

"개구리가 배가 고파서 파리를 잡아먹으려고 혀를 쭈~~~욱."

"앙돼요! 파리 이험해! 더망쳐!"

갑자기 정우가 내 무릎에서 벌떡 일어나는 바람에 정우 뒤통수에 턱을 부딪쳤다.

나는 너무나도 귀여운 바람에 턱의 고통도 잊은 채, 깔깔깔.

"정우야, 네 머리는 괜찮니? 네 머리보다 파리가 더 중요해? 깔깔깔"

우리 집은 오늘도 동물과 곤충들로 바글바글. 가끔은 곤충 모형을 보고 섬뜩할 때가 있지만 정우에게는 둘도 없는 친구이기에 티 내지 않고 조심히 바구니 안에 담아 둔다.

옛날 옛날에

잠자기 싫어하는 정우를 눕히려면 나에게는 비장의 무기가 있다. 유튜브도 아니고, 장난감도 아니고, 사탕도 아닌 바로바로 옛날이야기다. 어린 시절 할아버지가 나에게 들려주시곤 했던 재미있기도 하면서 궁금함 때문에 잠을 더 이루기 힘들었던 바로 그 옛날이야기 말이다. 정말 오랜만이다. 누군가에게 듣고 싶지만, 이제는 내가 해주어야 하는 때가 온 것이다.

옛날이야기를 듣고 자란 내가 엄마가 되어 이제는 아이에게 자기 전 책 대신 누워서 옛날이야기를 들려준다. 그런데 전래동화 내용이 앞부분은 기억이 나는데 뒤로 갈수록 첩첩산중……. 배는 앞으로 나아가긴 나아가는데 노가 없는 꼴이다. 또, 인어공주 이야기는 마지막 부분인

물거품이 된 인어공주만 기억이 난다.

다음 날부터 정우의 창작 동화책을 하루 세 권에서 다섯 권 정도 읽고는 기억을 더듬거리며 이야기해 줬다. 오늘도 자려고 불을 끄고서는 물렁물렁한 내 팔을 베고 누운 정우가 나를 톡톡 두드리며 말한다.

"엄마, 옌난옌날에 해 주떼여."

순간 정~~~말 너무 귀여운 녀석에 '풉'하고 웃음이 터져 나왔다.

"옛날 옛날에 이야기해 줄까요?"

"네~~~~~"

"누구 이야기해 줄까요?"

"음~~~~~~~~~~ 따자! 어흥."

"알았어~ 옛날 옛날에~~"

아빠 사자, 엄마 사자, 아기 사자 이야기를 하며 사자 가족이 배가 고파 사냥을 하러 나가는 이야기를 해주려고 했다.

"아빠 사자가 어슬렁어슬렁. 배가 고픈가 봐. 어떻게 할까? 어떻게 하지?"

아이를 품에 꼭 안고 물어본다.

"음~~~ 아빠 사자는~ 티킨!"

나의 물음에 대답을!!! 우리 이제 상상해서 소통도 되는 거니? 엄마에게 언제까지 놀라움을 안겨줄 거야! 기특한 것. 많이 성장했구나. 더군다나 네가 제일 좋아하는 치킨을.

"그럼 아기 사자도 배가 고프다는데 어떻게 하지?"

"음~~~ 아기 따자는~ 맘마!"

허공에 대고 주는 시늉을 한다. 뭐가 보이나 약간 소름이 돋았지만 기특한 녀석.

"그럼~ 엄마 사자도 배가 고프다는데 어떻게 해?"

"음~~~ 엄마 따자는~ 물!"

"응?"

"마니 머거요. 꿀꺽꿀꺽."

뭐지, 이 배신감. 아빠는 제일 좋아하는 치킨 주고, 아기는 밥 주고, 엄마는 맹물이라니. 어쩜 이럴 수가.

"엄마, 자요? 자장자장." 하며 내 가슴 위에 손을 얹어 토닥여 준다.

그래, 너에게 물은 세상 살아가는데 중요한 것 중 하나이지. 그 중요한 물을 엄마에게 준다고 한 건데. 엄마가 어른의 편견으로 오해했어. 또 한 번 반성한다.

"엄마 배고팠는데 물 줘서 고마워."

"엄마, 옌날옌날에 해 주떼여."

밤이면 밤마다

나는 아이가 태어나면 절대로 입술 뽀뽀는 안 할 것이라고 선언했다. 왜냐하면 약한 잇몸을 대물려 주기 싫어서였다. 그래서 돌이 지날 때까지도 입술만 빼고 아이의 모든 신체 부위에 '쪽쪽' 뽀뽀를 했다. 그러던 어느 날, 말도 하지 못하는 정우가 "뽑뽀"라며 기습 입술 박치기를 하고 말았다. 오 마이갓. 어떻게 지켜 온 순결인데! 그 후로는 입술에 뽀뽀를 한다. 단, 침이 닿지 않는 선에서! 나만의 합리화를 내세운다. 오늘도 귀여운 정우에게 볼에 쪽, 이마에 쪽, 눈에 쪽, 코에 쪽, 입술에 쪽 하려는 순간.

"입술은 앙대요!"

입술을 고사리 같은 두 손을 올려 가로막는 것이 아닌가. 이렇게 귀여울 수가. 아니, 진작 막아주지 그랬니.

"입술은 뽀뽀하면 안 돼?"

"볼은 대요. 여기~"

엄지로 볼을 꾸욱 누르며 볼을 나에게 내밀어 보인다. 순간 장난기가 올라온 나는 볼에도 뽀뽀하고 다시 입에 뽀뽀하려는 흉내를 냈다.

"입술은 앙대요! 볼은 괜차나. 여기~"

오늘은 피곤에 절어서 눈을 꼭 감고 있는 나에게 쫄래쫄래 다가오는 정우의 발소리가 들린다.

"엄마. 정우가 자장자장."

내 가슴에 손을 올려 토닥여 준다. 이 맛에 자식 키우는 건가 싶다.

"정우야, 고마워. 사랑해."

갑자기 목을 꼭 껴안는다.

"엄마 꼭!"

이놈의 자슥. 드라마를 보여준 적도 없는데 심쿵 하게 하네.

하지만 나를 감동의 쓰나미로 밀어 넣고는 금세 또 뚜껑 열리게 하는 너란 녀석. 자야 하는데 밤만 되면 쉬가 마렵다며, 응가가 마렵다며 화장실로 잡아당기는 녀석 때문에 오늘도 내 이마에는 뿔이 삐죽 튀어나오기 일보 직전이다. 실랑이하다 결국 엉덩이 스매싱으로 마무리. 잠든 아이를 품에 안은 채, 밤마다 하는 것은 다름 아닌 후회.

매일 밤 너를 품에 안고, 너를 바라보며 엄마는 후회를 한다. 조금 더 놀아 줄걸. 조금 더 참을걸. 조금 더 안아줄걸. 미안하다고 말했어야 했는데…….

거울아 거울아

27개월 된 아이를 먹이고 씻기고 입히고 간신히 신발장 앞으로 모셔 왔다. 아이를 챙기면서 내 몸까지 챙기느라 정신없는 바쁜 아침이다.

엄마 구두, 아빠 운동화에 조그마한 발을 쑥쑥 넣어 보고 있다.

"오늘은 예쁜 분홍 운동화 신고 가자~"

내 마음에 드는 벚꽃 기운이 감도는 분홍 운동화를 발에 쏙 넣어 주었다.

"껌! 껌 신발."

이 햇볕 좋은 날, 칙칙한 검은색 운동화를 신겠다는 아이를 어르고 달래서 간신히 분홍 운동화를 신겨 나왔다. 물론 검은색 운동화도 멋지긴 한데 엄마의 오늘 기분은 벚꽃이니까!

다음 날 바쁜 아침.

새 구두를 꺼내어 신은 탓에 발이 편하지 않아, 오늘은 운동화를 신으려고 스타킹 대신 양말을 신고 나왔다. 그러자 녀석이 새 구두를 집어 들고 흔들어 보인다.

"이거 신어요. 엄마."

이제는 코디까지 해준다.

"여기 삔이 있네. 예뻐요."

구두에 달린 진주 장식을 보며 핀이 달렸다면서 신으란다. 아픈 새끼 발가락이 떠올라 발가락 끝이 움찔움찔했지만, 말을 어찌나 예쁘게 하는지 그 모습에 양말을 벗어 던지고는 아픈 발가락을 새 구두로 밀어 넣는 나.

이런 기분이었구나. 엄마가 너에게 억지로 분홍 운동화를, 노란색 티를 입힐 때의 너의 마음이. 앞으로는 정우 너에게 먼저 물어봐야겠다. 그렇지만 패션 테러리스트가 되어도 엄마는 모른다.

기분이 묘했다. 기쁘면서도 미안한 이 찝찝한 기분. 어린이집에 아이를 데려다주는 차 안에서 정우가 연신 엄마를 외친다.

“엄마~”

“왜?”

“엄마~”

“응?”

“엄마!”

“왜요?”

"엄마, 네 해요."

헉. 엄마가 너에게 '네~'하라고 알려주고는 정작 엄마는 네가 부를 때 다른 말로 대답을 하고 있었구나.

"네~"

"정우. 어디 가요?"

그거 물어보려고 이렇게 엄마를 부른 거야? 귀여운 녀석.

아이는 어른의 거울이라는 말이 있다. 말문이 터진 아이를 보며 요즘 위험한 행동을 하지 않으려고만 했다. 행동도 중요하지만, 이제는 말까지도 중요하다. 아니, 아이가 말을 하지 못했을 뿐, 그전부터 언어는 중요하다. 신생아를 돌이켜 보면 제일 발달한 부분이 청각이듯 언어는 그만큼 어렸을 때부터 중요한 부분이다. 세상에서 예쁜 말들을 아이에게 들려주도록 해야 한다. 아이는 모두 다 빠짐없이 듣고 있으니까.

세상은 요지경

무엇이든 알고 보면 더 흥미롭고 재미있고, 모르고 보면 그냥 지나치게 된다. 가령 박물관이나 유적지에 가더라도 미리 사전 조사를 하거나 깊이 있게 공부를 하고 간다면 조형물 하나하나 그냥 지나치지 못할 것이다. 그 하나하나에 의미를 부여하며 보느라 시간이 부족하다. 옆에 누군가와 함께 갔다면 설명까지 하느라 시간이 배로 걸릴 것이다.

엄마는 아이에게 무엇인가 알려주기 위해 계속해서 반복해 주는 일이 허다하다. 쉬운 것 같으면서도 어려운 미션이다. 말도 할 줄 모르는 100일도 채 되지 않은 아이를 눕혀 놓고서 "아가~ 엄마야. 엄마."라며 수도 없이 반복하지 않는가.

이번 미션은 도형과 선이 나오는 책을 읽어주고 실생활에서의 인지를 돕는 것. 그런데 아이에게 반복해 주려고 하자 신기한 일이 벌어졌다. 세상 모든 것이 동그라미 아니면 네모 아니면 세모라는 사실. 또 선으로 치자면 구불구불 아니면 뾰족뾰족 아니면 곧은 선. 어렵게 찾지 않아도 주변에서 쉽게 찾아볼 수 있으니 반복해 주는 것이 쉬웠다.

요즘같이 햇살이 따뜻 날, 어여쁜 꽃들이 활짝 피어 한들한들 바람 따라 연신 자기의 존재를 알린다. 그 앞을 지나는데 "나비가 어디 있나? 찾아볼까?" 혼잣말로 구시렁구시렁하더니 새색시 볼에 곱게 찍은 연지 곤지처럼 분홍색인지 빨간색인지 아리송한 불그스름한 꽃 앞으로 간다. 유심히 들여다보고는 "억!" 소리를 지르고 나에게 쏜살같이 달려온다.

"엄마! 꽃 안에 머가 이떠요."

"응? 뭐가 있어?"

"노랑. 껌. 노랑. 껌. 벌!"

나는 벌 흉내를 내면서 엉덩이를 흔들어 보이며 벌은 조심해야 한다고 엉덩이에 침이 있다고 이야기해 주었다.

"침은 앗 따거! 뾰족 세모야."

엄마가 세상을 알려주는 기분이 난다. 기특한 녀석.

아이도 나처럼 세상이 신기할까? 세상을 알아갈수록 재미있다. 30여 년이 넘게 살았는데도 말이다. 엄마가 되고 나서 많은 것들을 하나씩 알아가고 있는 요즘이다. 엄마가 되고 나니 비로소 보인다. 보이기 시작한다. 벌의 노란색, 검은색. 그것을 본따서 만든 도로 표지판, 우리 집의 숨은 도형들. 익숙한 것들이지만 이제야 보인다. 아이와 함께 하는 앞으로의 내 인생이, 세상이 궁금해진다. 그래서 오늘도 나는 무한 반복 중이다. 오늘은 신호등이다.

"빨간 불 안 돼요. 주황 불 안 돼요. 초록 불에 건너요."

하나를 알려주면 다섯을 안다

날이 좋은 요즘이다. 한편으로는 걱정이 되기도 한다. 날이 너무 좋아서 올여름이 걱정이다. 작년 여름도 엄청난 폭염으로 땀을 삐질삐질 흘리고 집을 떠나 시원한 곳을 찾아 헤매며 다녔으니 말이다. 그런데 4월 중순, 벌써 덥기 시작하다니. 올여름도 걱정이 앞선다. 이 사실을 아는지 모르는지 우리 정우는 신났다. 날이 풀리니 집 앞 산책이 잦아졌기 때문이다. 오늘도 한 손은 유아용 세발자전거를 밀며 한 손은 정우의 손을 꼭 부여잡고 산책을 나선다. 그것도 잠시. '다다다다다.'

♬점점 멀어지나 봐~ 브라운 아이즈의 '점점'이 BGM으로 깔린다.

아기 다람쥐처럼 다다다 달려 저~ 멀리서 엄마를 외친다. 별수 있나. 잃어버릴세라 세발자전거를 우당탕 거세게 밀며 나도 뛰어간다.

"밖에 나와서는 엄마 손을 꼭 잡아야 한다고 했지?"

"빠방이가 엄또요~"

내 눈을 똑바로 바라보며 손을 흔들어 댄다.

아차. 빠방이가 다니는 주차장에서 손을 꼭 잡아야 한다고 일러주었던 나날들이 스쳐 지나간다. 반박할 여지를 주지 않고는 또 '다다다 다다.' 그러다 수많은 계단 앞에 우뚝 멈춰 선다.

"여기로 가 볼까?"라며 내 눈치를 살핀다.

"한발~ 한발~ 내려 가 볼까?"

"아니요. 한발~ 두 발~ 네발~ 다섯! 발~~" 이라며 숫자 세기와 발걸음을 붙여 외치는 정우. 엄마 또 설렌다. 너 천재 아니야? 누가 알려줬어? 너란 녀석. 정말 매력 덩어리구나.

그렇게 그 수많은 계단을 오르락내리락 왕복 세 번을 하고는 집으로 돌아올 수 있었다. 헉헉거리며 어렵사리 목욕을 시키고 이제 재우기 관문이 남았다. 팔베개를 해 주고 도란도란 이야기를 나누기까지 좋았다. 밤만 되면 하는 말이 있다.

"엄마, 쉬 마려워요. 응아 마려워요."

그리고서는 변기로 달려가 '하하 호호' 웃으며 떠들고, 뛰고, 아주 난리도 아니다. 그렇지만 정말 조금은 소변을 보기 때문에 한두 번은 못 들은 척 따라나서 준다. 그런데 또 세 번째 나를 부르는 순간.

"우. 정. 우!"

저음이 된 내 목소리에 심상치 않음을 눈치채고는 입술이 삐죽삐죽 튀어나와서는 눈을 흘기며 뒤돌아 눕는다. 그러더니 하는 소리.

"삐져또"

실소가 터져 나왔다. 적절한 상황에, 적절한 타이밍에, 적절한 행동으로 하는 말. 본인에게 닥친 상황을 인지하고 그와 어울리는 행동을 보이며, 그에 맞는 말을 한다. 장족의 발전이다. 아~ 그러면 안 되는 건데 그만 웃으며 백허그를 하고 말았다.

"정우 삐져서 입술이 삐죽 나왔어요?"

웃음이 나는지 웃음을 참고는 다시 입술을 더 길~게 내밀어 보인다. 나도 모르게 그만 정우 입술에 내 입술을 포개려는 순간.

"입술은 앙대요!"

시선

날로 성장하는 아이를 보고 있노라면 하루가 무색할 정도로 금세 지나간다. 세상을 알려주는 재미까지 생긴 요즘이다. 말문이 터지기 시작하면서 아이와 이야기 나누는 것이, 아이에게 엄마가 오늘은 기분이 좋다며 내 감정을 이야기해 주고, 아이는 개미가 어디로 가는지 나에게 이야기해 주는 사소한 것들이 참으로 신기하고 재미있다. 1년 전만 해도 상상도 못 할 축복받은 오늘이다.

아이와 보내는 시간에는 책을 많이 보여주려고 애쓴다. 하지만, 글 밥이 많은 동화책은 읽고 있으려면 책장을 '훅훅' 넘겨버리기 일쑤다. 그럴 때면 나는 끓어오른다. '이렇게 집중력이 짧아서야. 도대체 누굴 닮은 거야.'라고 하며 속으로 호박씨를 깐다. 하도 책장을 훅훅 넘겨버려서 글에 의존하지 않고 그림을 읽어주기 시작했다. 책 겉표지부터 시작했다. 웬일인가. 책을 끝까지 다 보는 것이 아닌가. 그림을 읽어주는 것이 조금 서툴고 어색했지만 나름 뿌듯하고 아이와 서로 교감하면서 읽는 것 같았다. 토끼가 그려져 있는 페이지에서는 내가 물어본다.

"토끼가 어디 가는 걸까?"

"엄마, 아빠, 하부지, 할미한테 가요!"

"아~ 가족한테 가는 거구나. 그럼 토끼는 어떻게 가는지 알아?"

"이렇게~ 깡총! 깡총!"

동화책 한 페이지로 이렇게 교감을 하며 이야기를 나눈다. 이번 책은 기다란 버스에 동물들이 자리마다 한 마리씩 앉아있다. 글의 내용은 맨 앞에, 맨 뒤에 누가 타 있는지 소개하는 내용이다.

"노란 버스 맨~~~~~ 뒤에 누가 타고 있는 줄 알아?" "음…염소 엄또요"

"응? 염소는 버스에 안 탔는데? 맨~~~~~ 뒤에 누가 타 있게?"

"엄마. 염소 엄또요."

"그래, 노란 버스에 염소는 없어. 맨~~~~ 뒤에 누가 타 있는 줄 알아? 귀가 길다~"

"매~~~~~애 염소 엄또요!"

그제야 나는 웃음이 터졌다. 내가 '맨~~~~~ 뒤에'라고 말한 것이 정우 귀에는 염소가 '매~~~~애'하는 것처럼 들렸나 보다.

아이의 위치에서 보고, 듣고, 느낀다면 우리 어른들과 아이는 서로에게 상처를 줄 일이 없을 텐데. 어른인 엄마는 세상에 너무 익숙해져서 맑고 맑은 우리 아이가 보는 시선으로 볼 수가 없었구나. 엄마가 조금 더 노력해야겠다. 너의 시선으로 세상을 바라볼 수 있도록.

엄마 이름은

"엄마, 뭐가 날라가또!"

날이 좋아 집 앞을 산책하는 길에 하늘을 올려다보며 흥분에 찬 목소리로 나를 불러 세운다. 뭐가 그리도 신나고 궁금한지.

"새가 날아갔나 보다."

"새는 하늘 위로 날라가또요."

"맞아~ 새는 하늘을 날아다니고 나무 위에 앉아서 노래를 불러요."

"정우는 나무 아래에 있어요."

어머나! 우리 정우 이제는 위치까지 알고 있는 거야? 엉덩이 토닥토닥. 머리 쓰담쓰담. 그러고서는 또 점점 멀어져 가는 우리 정우.

"같이 가! 정우야."

아이 뒤를 졸졸 쫓아다니느라 오늘도 체력 단련을 열심히 하고 집으로 돌아온다.

문득 며칠 전 지온이가 엄마 이름을 이야기하는 모습을 보고 적잖은 충격과 부러움을 느꼈던 기억이 떠올랐다. 나도 가만있을 수는 없지.

"정우야~~"

쪼르르 달려와 나에게 안긴다.

"엄마 이름이 뭔 줄 알아요?"

한 치의 망설임도 없이 대답한다.

"마미!"

호호호. 이거 뭐지. 유튜브의 힘인가. 내 이름이 언제 마미가 되었지. 그것도 외국 이름이네.

"그럼 아빠 이름도 알아?"

"대디!"

이 묘한 기분 뭐지. 기특하면서도 웃기면서도 찝찝한 이 묘한 기분. 아이에게 유튜브란 단지 영상을 보는 것만이 다가 아니고 그 영상을 통해 좋은 것이든, 나쁜 것이든, 본인도 모르게, 엄마도 모르게, 아무도 모르게, 기억 속에, 무의식 속에 꼭꼭 저장되는구나.

엄마도 힘이 든 날, 밥을 조금은 천천히 먹고 싶은 날, 너에게 밥을 차려 줘야 할 때 영상을 보여준 지난날들이 스쳐 지나갔다. 또 반성하게 되는 찰나. 하지만 영어의 노출이라고 합리화를 시키며 나는 나를 위로해본다.

제3장
우리들의 행복한 시간

궁디 팡팡

누구나 한 번쯤 겪는 일이다. 아니, 누구나 만 번쯤 겪는 일이다. 아니 아니, 누구나 하루에도 몇 번이고 겪는 일이다. 그래, 이제야 말이 된다. 아이를 키우면서 그 작디작은 아이와 우람한 나 자신과 기 싸움을 벌이는 일 말이다. 누가 보면 애 잡는 줄 알겠지만, 엄마도 더 이상 물러날 수 없으니 기 싸움을 벌이고 있는 건데 아무도 알아주지 않는다. 누군들 전쟁이 좋으랴. 체력적으로, 정신적으로, 시간적으로, 감정적으로 모든 면에서 서로에게 힘이 든 것을. 엄마들은 타협하고 싶다. 그러나 아이들은 격하게 반항하고 싶다. 좋은 말로는 자기의 의사를 표현하고 싶어 한다. 단지 좀 격할 뿐.

온종일 아이에게 들들 볶여 프라이팬 위 지글지글 익어가는 비엔나 소시지처럼 내 얼굴도 붉게 타들어 간다. 이제 한계다. 폭풍전야라 했던가. 좋은 말로 타이른다. 희한하게 좋은 말은 왼쪽 귓구멍으로 들어가 바로 오른쪽 귓구멍으로 흘러나오는 것 같다.

"우정우!"

폭풍이 몰아닥친다. 분위기 파악을 한 아이는 눈을 내리깔고 배꼽 앞으로 두 손을 공손히 모은다. 그렇다. 눈치 빠른 아이는 지금 불쌍한 척을 하고 있다. 귀엽기만 하지만 지금 내 눈앞의 아이는 엄마를 데리고 놀고 있는 아주 약삭빠른 톰과 제리의 제리이다.

차마 아이를 때릴 수는 없다. 하지만 지금은 폭풍이 몰아닥치는 상황. 일촉즉발의 상황이란 말씀. 손댈 곳 없는 작은 아이의 몸 중 가장 만만한 엉덩이가 눈에 들어온다. 기저귀 속에 숨어 있는 말캉말캉한 엉덩이. 일명 엄마들 사이에서의 언어로 '궁디 팡팡'을 날렸다. 이상하게 손을 대니 분이 더 풀리지 않는다. 좀 나아질 줄 알았는데…….

갈 곳을 잃은 내 날렵한 손은 나의 가슴을 향해 그대로 팡팡. 가슴이 멘다. 팡팡. 그래도 분이 풀리지 않는다. 쌓였던 분노와 설움, 또 슬픔. 모든 감정이 한데 어우러져 내 날렵한 손끝으로 향하는 듯하다. 또 팡팡.

고개를 숙인 채 씩씩대고 있는 나에게 아이가 다가와 와락 안아준다. 온갖 감정들이 뒤섞여 눈보라가 휘몰아치고 있는 내 마음이 갑자기 고요해진다. 작은 아이가 엄마에게 주는 작은 포옹은 절대로 작지가 않다. 내 마음에 따뜻한 해가 다시 뜬다.

그리고 아이는 내 얼굴을 두 손으로 잡아 올리고는 똘똘한 눈으로 묻는다.

"엄마, 또 삐졌어요?"

애벌레 새우깡

정우 또래 친구 중 자주 만나는 아이들을 살펴보면 재미가 있다. 민재는 늘 손에 공룡을, 우진이는 자동차를 가지고 다닌다. 지온이는 빈손으로 다니지만, 대신 주변 사람들의 옷에 관심이 많다.

정우는 동물이나 곤충, 자연에 관심이 많다. 그렇다고 친구들처럼 손에 들고 다니지는 않는다. 그러나 지금 하는 행동으로 보아서는 훗날 곤충을 잔뜩 잡아 와 집에서 키운다고 통이란 통을 다 꺼내 놓고 난리 치는 모습이 상상된다. 아, 벌써부터 머리가 지끈거린다.

길을 가다 보면 노란색과 검은색으로 칠해 놓은 구조물을 흔히 볼 수 있다. 예를 들어 위험을 경고하는 표시 즉, 차량 통제 구역 같은 데 말이다. 어느 날, 노란색과 검은색으로 칠해져 있는 것을 본 정우는 '벌 같아요'라고 하며 반가워한다. 그러다가는 벌은 엉덩이에 뾰족한 침이 있어 무섭다며 내 뒤로 뛰어와 얼른 숨는다. 그러고는 팔랑거리며 날아가는 나비를 따라가기도 하고, 포롱거리는 참새를 따라가 손뼉을 쳐서 날려 보내기도 한다. 비단 동물뿐이겠는가. 느티나무가 축 늘어져 있다며 "왜 그래~ 느티나무야?"라며 말을 붙이기도 하고, 큰 돌멩이를 주워 와서는 아빠 돌멩이라며 조그마한 주머니에 우겨서 넣고서는 저녁때 아빠에게 준단다. 주머니에 넣었는데도 떨어질 것 같다며 주머니 속 돌멩이를 꼭 쥐고 조심조심 걷는다. 아파트나 건물 앞 조경으로 만들어 놓은 조그마한 분수대에서는 하염없이 물을 바라본다. 그러고는 묻는다.

"엄마, 들어가도 돼요?"

정우는 있는 그대로의 자연을 사랑한다. 며칠 전에는 친구들과 함께 곤충 박물관에 갔는데 입구에서 식용 애벌레를 시식하는 자리가 마련되어 있었다. 앞으로 우리들의 식량자원이 될 수도 있다는 말에 엄마들은 신기하기도 하면서 벌레 모습에 징그럽다며 모두 얼굴을 찡그렸다. 유심히 말린 애벌레를 보고 있는 정우에게 시식대에 앉아있던 아저씨가 애벌레를 내밀었다. 잠시 머뭇머뭇하더니 받아서는 조그마한 입으로 오물오물한다. 나는 어찌할 바를 몰라 발만 동동 구르고 있었다. 그때 정우가 소리쳤다.

"애벌레 새우깡!"

'애벌레에서 새우깡 맛이 난다는 건가?, 애벌레가 새우깡처럼 생겨서 그런가?' 궁금증을 견디다 못한 나는 고심 끝에 기다란 애벌레 한 마리를 잡아 올렸다. 아무리 봐도 번데기와는 다른 느낌의 이 녀석을 입속으로 던져 넣었다. “와그작와그작”.

“담백한 새우깡이네?”

정우는 맛이 좋은지 계속해서 아저씨가 주시는 애벌레를 넙죽넙죽 받아먹고 있었다. 그것도 숟가락으로 움푹 퍼서. 새우깡 노래처럼 ‘손이 가요~ 손이 가~ 자꾸만 손이 가.’ 더 이상 안 될 것 같아 건물 안쪽에 나비가 팔랑팔랑 날아간다고 잡아끌며 데리고 들어갔다. 들어가는 도중에도 새우깡이 먹고 싶다는 정우. 집으로 돌아오는 길, 손을 마주 잡고 마트로 가서 새우깡을 듬뿍 사주었다. 애벌레 새우깡이라며 함박웃음 짓는다.

그날 이후 새우깡만 보면 애벌레가 생각이 나는지 애벌레 새우깡이라며 나에게 들이민다. 정우와의 추억 하나가 이렇게 쌓여간다.

모죽

"불이야~ 불이야~"

안방에서 이불 정리를 하고 있는데 거실에서 정우 목소리가 들린다. 정리하다 말고 후다닥 뛰어나갔다. 벽면에 붙여 놓은 '한자 벽보' 앞에서 발을 동동 구르며 또다시 외친다.

"불이야~ 불이야~"

도움이 될까 하여, 실생활에 많이 쓰이는 한자 벽보를 벽에 붙여 놓았다. 정우는 그중에 '불화(火)'를 가리키며 불이 났다고 지금 난리다. 불화라는 한자에는 불이 붙어서 활활 타오르는 그림이 그려져 있다. 이제는 정말 불이 난 것처럼 발을 동동 구르며 외쳐댄다. 나는 그런 정우를 한 번 보고, 또 벽보를 보다가 그만 웃음이 터지고 말았다.

"불이 났으면 어떻게 해야 할까? 어떡하지?"

"에엥. 에엥. 소방차!"

소방차라 말하고는 손을 코로 가져가 코끼리 코를 만들고 불을 끄는 시늉을 한다. 코끼리 아저씨가 소방관이 되어 불을 끄는 모습이다. 며칠 전 어린이집에서 안전교육을 했다고 전해 들었는데 그때 배운 것을 실행에 옮기는 중이다. 우선 불이 났다고 알리고는 소방차와 불 끄기까지 손수 보여주는 아이를 보며 교육의 중요성을 엄마도 몸소 체험 중이다.

소방차는 다른 차와 달리 빨갛고, 엄청 커다랗고, '에엥' 소리를 내는 차라서 좋아했던 정우가 이제는 소방차가 불을 꺼주는 자동차라는 사실을 알게 된 것이다. 실로 엄청난 발전이 아닌가. 다음 단계는 119 번호 알려주기인가.

기고, 서고. 잡고, 걷고 이제는 뛰기까지……. 참 오래 걸린 것 같은데, 뛰기 시작하고 말하기 시작하니 이제는 엄마도 모르는 사이에 세상을 온몸으로 느끼고 받아들이고 있다.

대나무 중 최고로 치는 모죽은 땅에 심고 아무리 가꾸어도 5년 동안은 싹이 나지 않는다고 한다. 그러나 5년이 지나고 나서는 언제 그랬냐는 듯 쭉쭉 자라 6주 후에는 30M를 넘어서며 웅장한 자태를 뽐낸다. 5년 동안 위로 성장을 하는 것이 아닌, 뿌리가 땅속으로 수십 미터나 뻗어 태풍이 불어도 절대 쓰러지거나 부러지지 않는 대나무로 성장한다.

아이도 뛰기까지 한참이나 걸렸지만 언제 그랬냐는 듯 아무도 모르게 쭉쭉 자라고 있는 모양이다. 그동안 뿌리를 뻗치고 있었나 보다. 근심과 걱정이라는 태풍이 불어와도 쓰러지거나 부러지지 않는 모죽처럼 꼿꼿이 중심을 잘 잡고 있을 아이를 생각하며 슬며시 미소를 지어본다. 그리고 나도 호들갑을 떨며 외친다.

"띠띠띠. 119죠? 불이 났어요! 코끼리 아저씨, 빨리 오세요."

엄마가 좋아? 아빠가 좋아?

모든 엄마, 아빠 심지어 할머니들까지도 아이에게 잘 물어보는 말이 있다. 그건 바로.

"엄마가 좋아? 아빠가 좋아?"

아이 입장에서는 얼마나 유치한 질문일까, 아닌가. 중대 사안이 걸린 질문인가. 주변에서 그런 질문을 하면 아이는 눈치껏 나와 있을 때는 "엄마!", 아빠와 있을 때는 "아빠!"라고 답한다. 진실한 답변을 듣고 싶은 나는 아이와 땡볕에 열심히 일하는 일개미처럼 하루 일과를 보내고 포근한 이불에 나란히 누워 물었다.

"정우는 엄마가 좋아? 아빠가 좋아?"

괜히 물었나 싶은 마음이 들어 정우 눈을 바라보니, 정우가 입을 뗀다.

"으음, 몰라."

그래. 아직 어려운 질문이지. 엄마, 아빠는 정우가 좋다고 말해주려는 찰나. 정우가 먼저 입을 연다.

"정우는 아빠~ 엄마~ 둘 다 좋아."

이런 솔로몬의 지혜가! 장난기가 발동한 나는 또다시 묻는다.

"아니야~ 한 사람만!"

"아빠!"

입을 삐죽거리며 실눈을 가느다랗게 뜨고 정우를 바라본다. 적잖이 충격이다. 먹여주고, 재워주고, 엉덩이 닦아주고. 자식 키워봐야 소용없다더니. 벌써 이 말이 와 닿을 줄이야. 나를 빤히 바라보며 정우가 갸우뚱하며 말한다.

"엄마, 왜 그래요?"

"엄마가 속상하네."

"정우는 엄마가 좋아요."라며 입술 박치기를 하는 녀석. 아야. 입술은 안 돼~~~ 쪽!

나는 기분이 금세 좋아져서는 "아이고~ 내 새끼 내 새끼 내 새끼."라며 흥얼거린다. 그러자 정우 왈 "아이고~ 내 엄마 내 엄마 내 엄마."라며 웃는다. 너의 작은 몸짓과 말에도 엄마의 기분은 하늘과 땅이구나. 엄마를 들었다 놨다.

"정우는 선생님 거예요." 응? 이건 무슨 날벼락이지.

"정우는 엄마 거야. 엄마 거!" 정우를 뺏긴 기분에 울컥해서 허겁지겁 말이 나왔다.

"아니야~ 정우는 선생님 거야."라고 하며 '까르르' 웃는다. 날이 다르게 장난치는 정도가 수준급이 되어간다.

"정우는 정우 거야."

가만 생각해보니 아이는 내 소유물이 아닌, 개인 고유의 인격체인 것이다. 아이가 마음대로 안 따라주면 화내고, 소리치고. 아직 어리기만 한 아이의 눈에는 엄마인 내가, 어른인 내가 '엄마는 왜 이렇게 화를 내는 걸까?' 의문을 품고 있지는 않을까. 너무 나의 기준에 맞추어 아이를 키우려다 보면 아이는 내 소유물로 변해 있을지도 모르겠다.

"정우는 정우 꺼야!"

우리가 함께하는 시간

정우가 낮잠을 자고 일어나서는 아프다며 칭얼댄다는 연락이 왔다. 우선 체온을 재보라 했더니 잠시 후 체온이 39도라며 걱정스러운 전화가 왔다. 나는 하던 일을 멈추고 바로 달려갔다. 정우는 정신을 차리고 현관으로 걸어 나오다가 속이 불편한지 토하기까지 했다. 많이 아픈가 보다. 나는 정신없이 정우를 받아안고는 인근에 있는 소아과 병원으로 달려갔다.

"정도가 심한데요. 많이 힘들 거예요."

수족구로 인하여 구내염으로 입안 가득 수포가 올라왔단다. 의사 선생님의 말씀대로 집에 와서 모든 것을 토하고는 지쳐서 잠들었다. 내 팔을 꼭 부여잡은 채로 자는 정우의 얼굴을 보니 안쓰러움이 올라왔다.

수족구 진단을 받으면 전염성이 강한 질병이어서 일주일은 어린이집에 등원하지 못한다. 정우에게는 미안하지만, 예전 같았으면 '왜 이런 일이 나에게'라며 일주일을 어떻게 보내야 하는지 막막했을 터이다. 워킹맘이 되어서 아이가 아프니 마음이 바뀌었다. 정우랑 보내는 일주일이 막막함보다는 더 소중하고 애틋함과 애잔함이 컸다.

조그마한 몸으로 40도 고열을 버텨내고 있다. 엄마가 해줄 수 있는 것은 24시간 함께하며 짜증보다 안아주고 서로의 체온을 느낄 수 있도록 비비고 아껴주고 또 아껴주는 것뿐. 그래서일까? 심각하다는 선생님의 말씀이 무색할 정도로 정우는 잘 놀고, 입안 가득 수포가 있는데도 아파하지 않고 잘 먹었다. 억지로 먹이기보다는 정우가 좋아하는 햄, 국수, 아이스크림 위주로 부드럽게 해서 주었더니 효과가 있었다. 양치질하지 못해 찝찝한 마음이 들지만 어쩌랴.

오늘 저녁 메뉴는 국수다. 식탁 의자를 가져다 놓으니 정우가 올라가려다 나를 쳐다보고는 입술이 삐죽 내밀며 말한다.

"엄마, 정우는 힘이 엄떠요. 도와듀세요."

보통 식탁 의자를 암벽 등반하듯 올라가는데 아파서 그런지 힘이 없단다. 실소를 터뜨리고는 꼭 안아 의자에 앉혀 주었다.

'호로록 짭짭. 호로록 짭짭.' 맛있게도 잘 먹어 준다.

이렇게 아이와 함께하는 시간이 엄마는 행복하고 즐겁고 소중하다. 아이에게는 지금 이 순간이 어떻게 느껴질까? 커서 뒤돌아보았을 때 지금 이 순간으로 돌아오고 싶을 만큼 행복함을 느끼게 될까? 온몸은 고단하여 파김치가 되어가도 아이와 함께 웃음 지으며 하루를 보내는 이유다.

마이크

정우 생일날. 어린이집에서 준비해 준 선물에 감동했다. 부모의 마음을 담아 정우의 사진으로 동화책을 만들어 준 것이다. 동화책의 내용은 어린이집에서 활동한 사진들로 장식되어 있는데 마지막 장, 장래 희망은 '아이돌' 뚜둥. 웬 아이돌?

물론 과학자가 무엇인지도 모르는 정우지만, 굳이 고르라면 정우는 호기심이 많고 양보를 잘하기 때문에 과학자나 연구자라고 생각했다. 사실 마음 같아서는 아픈 사람을 돌봐주는 의사가 되는 것이 나의 바람이지만. 그런데 아이돌이라니? 사진을 들여다보니 친구들 셋이 요즘 아이돌처럼 각자의 위치에서 멋진 포즈로 찍은 사진이다. 사진기를 보며 브이를 한 것이 아닌, 말 그대로 화보 촬영처럼 다리도 쫘악 벌리고,

손도 높이 치켜들고, 마치 촬영장을 방불케 하는 모습이다.

그 순간 번개가 번쩍하듯 정우의 돌잔치가 생각났다. 정우는 1월 1일 태어나 돌잔치도 가까운 가족, 친지들만 모여 조촐하게 했기 때문에 생일 당일인 새해 첫날 진행했다. 그런데 아이가 놀란 모양인지 울고불고 매미처럼 나에게서 떨어지질 않았다. 집에서 엄마와 아빠랑 함께 조용조용 놀던 아기는 살아생전 그렇게 많은 사람이 자기를 만져보겠다고, 예쁘다고 달려드는 모습에 놀랐을 것이다. 그때는 너무 힘들었는데 지금 정우의 입장에서 다시 생각해보니 정말 무서웠을 것 같다.

그나마 돌잡이를 할 때는 장난감으로 보이는 것들이 눈앞에 펼쳐져서 그런지 수월하게 지나갔다. 요즘 엄마들은 아이가 오만 원권 지폐를 잡기를 원한다. 나도 물론 요즘 엄마 중 한 명이기에 돈 아니면 오색 방지를 잡길 바랐다. 돈은 설명할 필요도 없이 살아가는데 아주아주 중요한 부분이고, 오색 방지는 동서남북으로 기운을 받아 화려한 직업을 갖거나 다방면으로 재능을 타고난다는 뜻이다. 일단 색깔이 화려해서 아이가 바로 잡을 확률이 높단다. 요즘같이 정보가 넘쳐나는 시대에 태어난 아이들은 공부와 암기보다는 흘러넘치는 정보를 어떻게 가공하여 상황에 맞게 처리하는 능력이 중요하다. 모든 부모가 그렇듯 나도 우리 아이가 잘 되길 바란다.

그런데 정우는 모두의 예상을 깨고 마이크를 잡아 올렸다. 그러고는 입으로 가져간다. 가수가 되려나? 방송인도 힘드니 차라리 저작권을 생각해 작곡가가 좋을 것 같다. 나는 머나먼 미래까지 상상하느라 머리가 복잡했다. 시어머니는 마이크를 잡은 것이 못마땅하셨는지 정우의 손에서 어렵사리 마이크를 뽑아 들어 돌잡이 상 멀리 가져다 놓고는 "두 번째~ 다시 잡아봐."라며 상을 들이밀었다. 그러나 정우는 시어머니의 속을 아는지 모르는지 저 멀리 가져다 놓은 마이크를 잡겠다고 안간힘을 썼다. 다들 웃음바다가 되었고, 시어머님은 마이크를 등 뒤로 숨겨버렸다. 그러자 정우는 멀뚱멀뚱 허공을 바라보다 오만 원권을 집어 들었다. 그러자 우리 엄마는 "정우야, 너는 연필 좋아하는데. 연필 왜 안 잡아. 공부 잘해야지."라며 혼잣말을 하셨다. 그래서 결국엔 세 번째로는 억지로 보라색 연필을 잡았다.

그래서 그런지 노래만 나왔다 하면 작은 엉덩이를 들썩들썩, 흔들흔들거리며 제일 먼저 춤을 춘다. 정우는 지금도 마이크를 좋아하고, 돈은 어른들에게 받으면 내 가방에 쏙 넣어 주며, 크레파스보다는 연필을 좋아하고, 색깔 중에서는 단연 보라색을 제일 좋아한다. 그 후로 1년 뒤인 2019년 1월. 어린이집에서 만들어 준 동화책엔 정우의 장래 희망 '아이돌'. 두둥.

엄마의 마음은 아픈 사람 고쳐주는……. 헛된 바람이라는 것을 이내 곧 깨닫고는 나의 말끝이 점점 흐려진다.

어린 시절 아이들은 생각할 겨를도 없이 부모가 만든 울타리 안에서, 생각 안에서 성장한다. 장래 희망도 마찬가지로 아이에게는 선택권이 없다. 부모가 정해주기 때문이다. 물론 다들 거창하다. 대통령, 의사, 변호사, 장래 희망으로는 제일 만만하다는 선생님까지. 하지만 시대는 빠르게 변화한다. 지금은 아이에게 자유가 있고, 수많은 직업이 환경에 따라 하나둘 사라지기도 하고 또 생겨나기도 한다. 나도 모르는 직업이 무궁무진할 정도다.

변하는 이 정보화 시대에서 정우는 마이크를 잡고 과연 무엇을 이루려는 걸까? 그건 아무도 모를 일이다. 내가 짧게나마 세상을 살아보니, 즐기면서 할 수 있는 일을 만났으면 좋겠다. 물론 좋아하는 일도 직업이 되면 힘들다지만, 그래도 싫어하는 일을 억지로 하는 것보다야 낫지 않을까. 노동이 아닌 내가 좋아하는 일을 만나길 바라며, 오늘도 어여쁜 정우의 마이크를 반짝반짝 윤이 나도록 닦아 놓는다.

숙제

아이가 떼쓰고 고집부리는데 두 손, 두 발 다 들어 지쳐갈 무렵, 정우를 뱃속에 품고 있을 때를 떠올려 보았다. 빨리 방 빼길 바라며 무거워진 몸을 뒤뚱이면서 허리를 잡고 다녔었다. 이렇게 세상에 나온 아이를 다시 뱃속으로 넣고 싶었던 적이 한두 번이 아니다. 아이를 키워 본 엄마라면 정말 많이 생각했을 상상이다.

남자들은 군대 이야기로 하나가 된다면, 여자들은 임신과 출산 이야기로 하나가 된다. 더군다나 엄마들의 나이 상관없이 아이의 개월 수에 따라 동지애가 형성된다. 임신했을 때부터 이야기하자면 내 몸이 내 몸이 아닌 현상을 감히 누가 어찌 짐작이나 하겠는가. 겪어보지 못한 사람은 상상할 수는 있겠으나 호르몬의 변화, 내 몸의 변화 등 짐작하는 것보다 훨씬 신기하며 무섭기까지 했다. 입덧, 허리 통증, 소화불량, 빈혈, 우울, 등 불편한 점이 100가지가 넘는다. 이것을 자그마치 열 달. 그럼 열 달 뒤에는 그럼 좀 나아질까? 임신 이야기보다 출산 이야기로 더 열띤 토론이 오간다. 내가 제일 힘들었다는 군대 생활. 내가 제일 힘들게 분만했다는 출산.

출산 후에는 한 번도 해보지 않은 젖 물리기부터 기저귀 갈기, 목욕시키기, 아기 띠 하고 재우기, 이유식 만들기, 코 흡입기로 콧물 빼주기, 키즈카페 가기 등 듣지도, 보지도 못한 일들을 경험해야 한다. 또 요즘 육아용품들은 왜 이렇게 많은지. 이유식만 시작하려 해도 용품들이 너무나도 다양해서 선뜻 초보 엄마는 선택하기가 쉽지 않다. 아이가 하늘에서 내려온 천사가 되어 곤히 자는 시간에 엄마들은 내려오는 눈꺼풀을 파르르 떨며 검색한다. 우리 아이에게 필요한 용품을. 아니 어찌 보면 나에게 필요한 용품인지도 모르겠다.

이렇게 한 여성에서 점점 더 다크 서클 깊은 엄마로 변한다. 본연의 나에서 이제는 할인매장의 원 플러스 원이 되어 가는 것이다.

아내 역할도, 며느리 역할도, 엄마 역할도 모두 다 처음인데 갑자기 한 번에 1인 3역. 아니, 여기다 직장까지 다닌다면 1인 4역이다. 엄마라는 존재는 도대체 무엇일까?

자식을 낳아봐야 부모 마음을 안다고 했던가. 엄마가 되어보니 '엄마' 만만치 않은 역할이다. 요즘 같은 시대의 어머니상은 집안일에, 남편 내조에, 인성 곧은 아이로 키우는 육아에, 자기 관리하며 배우는 엄마이다. 거기다 일까지 하여 생활비에 보탬이 된다면 땡큐 땡큐이다.

나는 이제 막 엄마의 문턱을 넘어섰다. 엄마라는 역할에 익숙해질 법도 한데, 매일매일이 배움의 현장이다. '아~ 그래서 그랬구나.', '우리 아이가 왜 그럴까?' 하며 인터넷 창을 열어 검색하고 또 검색한다. 정보의 홍수에서 우리 아이에게 맞는 육아법을 골라내기란 모래사장에서 바늘 찾기와 같다. 엄마는 늘 끊임없이 공부하며 움직이는 존재이다. 우리 모두 엄마는 처음이기 때문이다. 또 우리 아이는 세상에서 하나뿐인 존재이기에 다른 아이들의 육아 방법이 다 맞지 않는다. 아이마다 성향과 기질이 다르기 때문이다.

나도 처음에는 수면 교육에서 시작하여 훈육하는 법, 책 읽어주는 법, 기저귀 떼는 법 등 육아 방법에 검색해보지 않는 것이 없을 정도다. 심지어 연령 별 놀아 주는 법까지 검색하게 된다. 어떻게 놀아 주는지조차 모르기 때문이다. 옛날 같으면 상상이나 했겠는가. 대가족 시대에서 핵가족 시대로 급변하는 사회 속, 엄마의 역할은 다양하게 변화되고 있다. 아이를 잘 키우기 위해서 엄마들은 자신을 희생하며, 밤잠을 줄여가며, 공부하고 공부한다.

육아는 엄마만의 숙제가 아니다. 가족만의 숙제가 아니다. 사회에서, 국가에서 다 함께 다루어야 할 숙제이다. 아이들의 가치는 돈으로 환산할 수 없고 아이들의 미래는 밝아야 하며, 아이들은 행복할 권리를 지니기 때문이다. 우리 사회에서 너 나 할 것 없이 손잡고 아이들을 위해 많은 것을 투자하고 지원해야 한다. 멀쩡한 인도를 뜯어내고 새로 아스팔트를 까는 모습이 아닌, 아이들의 웃음을 지켜줄 수 있는 어른들의 사고방식이 널리 널리 퍼져나가기를 꿈꾼다.

장수풍뎅이와 나무

아주 웅장한 나무를 보면 희귀한 애벌레부터 구하기 힘든 버섯까지 나무에 기생하며 함께 산다. 그중 장수풍뎅이는 나무진을 빨아먹으며 나무와 한 몸이라도 되는 양 찰싹 붙어 있다. 그 색깔도 비슷하여 어디가 나무이고 어디가 장수풍뎅이인지 모르겠다. 단단한 뿔과 견고한 자태를 뽐내며 박물관에 박제라도 된 것처럼 요동도 없다. 장수풍뎅이가 매달려 있는 나무는 말할 것도 없이 아주 영양가 좋은 나무이다.

정우는 곤충을 좋아한다. 반면 나는 곤충에 관심이 거의 없었다. 그런데 정우를 키우다 보니 '팔랑팔랑' 날아다니는 나비가, '윙윙' 꿀벌들이 보이기 시작한다. 그러나 막상 지나가는 개미나 날파리를 만나면 무서워 만지지는 못한다. "개미야, 어디 가?"라며 조그만 몸을 더 조그맣게 웅크리고는 어딘가를 바삐 가는 개미에게 묻는다. 내일 비가 올 모양이다. 저녁 바람이 선선해 산책을 나섰다가 날파리들이 우리 집 구경을 가려는지 욱신거리는 내 어깨에 찰싹 달라붙는다.

"정우야, 날파리 좀 떼어줘."

"어디 있어요? 날파리가?"

쪼그리고 앉아 내 어깨너머 두 녀석을 힐끔 보여주었다.

"으악~ 엄마가 떼!" 고래고래 소리를 지르고는 내 손을 잡아다가 날파리에게 가져간다. 자기 몸보다도 작은, 얼핏 보면, 있는지 없는지 보이지도 않는 작은 날파리에게 겁을 먹고는 엄마 손으로 떼란다.

"아야야. 벌레 때문에 아프단 말이야. 털어줘~"

"못 하겠어~ 으앙~ 정우는 징그러워요. 으앙~"

'엄마는 네가 더 징글징글하다.'라고 속으로 외치며 날파리들을 툭툭 털어 보이곤 이제 아프지 않다고, 괜찮다고 말하며 일어났다.

"괜찮아요?"라고 하며 내 손을 잡아끌어 다시 나를 앉힌다.

"정우가 호~ 해줄게."

엄마가 아프다고 했던 것이 걱정되었나 보다. 정우를 품에 안고 느끼는 감정은 말로, 글로 표현하기 힘든. 세상 따뜻한 위로이다. 그래서 정우를 많이 안는 이유가 정우를 위해서가 아니라 나 스스로 위로를 보내고 싶은지도 모르겠다. 또 이렇게 정우의 에너지를, 정우의 진을 먹으며 오늘도 힘을 낸다.

흡사 나무에 매달려 있는 장수풍뎅이는 엄마에게 매달려 있는 아이와 같아 보인다. 그러나 아이의 품에서 따뜻한 위로를 받고 나서, 아이의 진을 먹으며 엄마도 성장하고 있다는 것을 느낀 후로는 웅장한 나무는 아이이고, 나무에 매달려 영양 좋은 진을 먹는 것은 엄마였다는 것을 깨닫는다.

힘이 빠져 지치거나 피곤할 때 소위 우리는 이런 말을 하곤 한다.

"진 빠진다."

아이를 품 안에 쏙 넣고 진을 충전한다.

"엄마, 왜 그래요?"

"추웅~전."

"정우도 추웅~전!"

육아맘 3년이면

나는 체육 전공자이자 결혼 전 대기업의 전문 트레이너로 건강한 육체와 정신을 겸비한 이 나라의 알찬 인재였다. 그런데 지금 중요한 것은 바로 이것이다. '…였다.'라는 과거형. 전에 그렇게 잘나가면 뭐하나. 지금 집에서 목 늘어난 티셔츠를 걸치고 머리는 고무줄로 질끈 묶었으며, 뽈록 예뻤던 애플 힙은 퍼질 때로 퍼진 대한민국 아줌마이거늘. 애가 '앵'하고 울면 이런 생각조차 시간 낭비이다. 그러나 이제 정우는 두 돌을 지나 세 살. 와우. 조금씩 신세계의 문이 열리고 있다. 활짝 열리면 좋으련만 까무러칠까 봐 조금씩 아주 조금씩 열리고 있다.

'앵앵' 거리며 울던 신생아를 거쳐, 아무 말 없이 침만 꼴깍 삼키던 한자리 개월 수를 지나, 조금씩 무어라 옹알이를 한다. "엄마야~ 엄마."라며 혼자 말하고 대답하는 긴 독백의 시간을 지났다. 이 녀석, 이제는 얼추 사람이 되었다. 대화가 된다. 요즘은 자기 전에 나란히 누워 도란도란 이야기꽃을 피울 때가 제일 좋다. 오늘 정우는 무엇을 느꼈는지, 오늘 엄마가 화냈던 일을 사과하기도 하고 내일 무엇을 할지 의논하기도 한다. 그러나 잠재우기란 여전히 쉽지 않다. 이렇게 알콩달콩(?) 연인 사이처럼 재잘거리다가 30분이 넘어서면 끝끝내 나도 모르게 버럭 하는 일이 생기곤 한다.

그런데 요즘 몸에 적신호가 들어왔다. 태생부터 건강한 나인데 어린 시절부터 육상 선수를 비롯해 각종 운동에 관해서라면 전교 1등을 앞다투는 내가 말이다. '오 마이 갓.' 나에게는 엄청난 충격과 스트레스를 안겨다 주었다. 아이를 재우고 나와 남편과 오징어를 뜯어가며 밀린 영화를 보기도 하고, 책을 읽으며 육아 스트레스를 풀었는데. 이제는 아이를 재우다가도 내가 먼저 곯아떨어져 아이가 언제 잠들었는지도 뒤척임에 깨어나 확인한다. 그렇게 내 저녁 생활은 사라져 버렸다. 억지로 아이를 재우고 나와 남편과 함께 밀린 영화나 책을 읽은 다음 날은 컨디션이 좋지 않았다. 이러지 않았는데……. 수유할 때 잠을 4시간만 자도 이 정도로 힘들지 않았는데.

육아맘 3년 차에 회복 불능 상태가 되고 말았다. 그렇다고 육아를 하지 않을 수는 없는 노릇이다. 아이와 있으면 수다쟁이처럼 말을 쏟아내는데 10분만 지나도 진이 빠져버린다. 보약을 먹어도, 수액을 맞아도, 비타민제를 먹어도, 운동을 해도 이상하게 회복이 되지 않는다. 몸이 아프니 우울하기까지 하여 갑자기 무서워진다. 심할 때는 일주일에 몸

살이 이틀 꼴로 날 찾아와 정신을 혼미하게 했다. 나는 나를 위해 변화해야만 했다. 그 좋아하는 커피도 줄이고 운동도 꾸준히 하고 규칙적인 식생활을 하며 아이를 재울 때 함께 자야만 했다. 저녁에 내 시간을 갖기 위해 좀비처럼 스르르 일어난다면 다음 날은 더 큰 재앙이 닥친다. 쉽지 않다. 내 시간을 포기한다는 것이.

인간은 누구나 자유를 갈망한다. 이것은 속박될수록 더 갈망하게 된다. 엄마들이 육아에 속박될수록 더더더 자유를 갈망하는 것처럼. '내 시간을 포기한다.' 생각하지 말고 '투자한다.'라고 생각하는 것은 어떨까? 앞서 말했듯이 결코 쉬운 일이 아니다. 우리는 엄마이기 이전에 인간이기 때문이다. 하지만 엄마이니까 또 해낼 수 있다. 이 모든 것이 십 년도 채 되지 않아 끝날 것이다. 분명한 사실이다. 아이는 크면 클수록 재우기보다 깨우는 일이 더 힘들어질 테니.

오늘 밤 나를 위해, 아이를 위해 투자를 해야겠다. 아이의 옆에서 새근새근 잠자는 모습을 보며 나도 잠이 들련다. 아니, 내가 먼저 잠이 들지도 모르겠다.

엄마의 엄마

세상에 엄마 없는 사람은 없을 것이다. 나는 정우의 엄마다. 엄마인 나도 엄마가 있다. 엄마의 존재는 정의 내릴 수 없을 정도로 그 역할의 의미가 다양하다. 친구 같기도 하며, 영원한 동반자 같기도 하고, 어떨 땐 나보다도 철이 덜 든 어린아이 같기도 하다.

어린 시절 엄마와의 추억이 그리 많지 않다. 내가 태어난 무렵, 갑자기 집안 형편이 나빠져 할아버지, 할머니 손에 오빠와 나를 맡기고 부모님은 일터로 나가셨기 때문이다. 졸업식 사진에 우리 엄마의 모습은 찾아볼 수가 없다. 그래서 그럴까. 아이를 출산했을 때 엄마는 내게 말했다.

"엄마는 아기 안을 줄도 몰라. 네 할아버지, 할머니가 다 키우셔서."

우리 시어머님은 주말에도 일하신다. 이런 현실 속에 친정과 시댁의 도움 없이 지금껏 아이를 키웠다. 물론 주변 엄마 중에 주말마다 하루는 친정에, 하루는 시댁에 가서 어른들이 해주시는 밥을 먹고 못 잔 잠도 자며 주말을 보내는 엄마들이 있다. 때론 아이를 맡기고 부부가 오랜만에 밀린 데이트를 하기도 한단다. 반면 친정이나 시댁이 멀리 있어 가고 싶어도 갈 수 없는 엄마들도 있다. 나는 친정도, 시댁도 가까운데 주말이면 아이와 '어디를 가야 할까.' 고민한다.

그런데 갑자기 몸이 좋지 않아 병원에 다니며 전전긍긍하고 앓아누워있을 때 였다. '딩동.' 벨이 울리자 귀여운 다람쥐 정우는 쪼르르 달려가 "누구떼여! 누가 와 떠여 엄마."라며 고래고래 소리를 지른다. 인터폰 속에는 익숙한 사람이 서 있었다. 그건 바로 엄마, 내 엄마다.

"웬일이야? 여기까지?"

"정우 옷부터 입혀라. 엄마가 정우 데리고 놀이터에서 놀다 올게. 아프니까 집에서 좀 누워서 쉬어. 집안일은 하지 말고."

다짜고짜 본인 할 말만 하시고는 정우의 볼에 부비부비 한 번, 엉덩이 쓰담쓰담 한 번, 뽀뽀 세례까지. 3종 세트를 하고서는 신신당부하신다.

"집안일 하지 말고 누워있어."

그렇게 문이 닫히고 정적이 흐른다. 어색하다. 혼자 남겨진 이 공간. 적막함……. 그리고 무엇보다도 아이를 다룰 줄 모른다는 엄마가 불안하다.

'다치면 어떡하지. 엄마 이곳 지리도 모르시는데 길 잃으면 어떡하지. 나가 볼까.'

아프지 않으면 벌써 나가봤을 테지만 지금 내 몸은 쓰러지기 일보 직전이기에 일단 침대로 가 누웠다. 하지만 눈은 말똥말똥 잠이 오질 않는다. 눈을 질끈 감으면 엄마와 정우의 모습이 아른거린다. 가만히 누워있으면 자꾸 생각이 나 지친 몸을 이끌고 밀린 빨래와 집안일을 하나 둘씩 찾아서 하고 말았다. 그렇게 2시간이 흐르고 딩동.

"엄마! 안녕하세요."

"정우야, 어디 갔다 왔어? 할머니랑 잘 놀았어?"

"놀이터. 할머니랑 미끄럼틀 탔어요."

엄마는 땀으로 범벅이 된 얼굴을 한 채 주방으로 가 물을 벌컥벌컥 마시고는 놀이터에서 정우랑 있었던 일을 말씀하시고 또 말씀하시고 또 말씀하신다. 똘똘하다며 입이 닳도록 칭찬하신다. 정우도 할머니가 좋은지 집에 와서도 꽁냥꽁냥 재미있게 노는 모습을 보니 흐뭇하다.

딸이 아프니 손자를 데리고 나가서 놀아 주고 밥도 먹여주며 나 보고는 푹 쉬란다. 행여 집에서 놀아 주면 또 못 쉴까 봐 날이 더운데도 정우를 데리고 나가서 놀아 주신다. 이런 것이 엄마일까. 당신은 아이 안을 줄도 모른다고 하시더니 아이와 단둘이 나가 놀기까지. 그러고는 하시는 말씀. "다음 주에도 또 올게. 그래, 좀 쉬었니?"

울컥했다. 아픈 나를 위해 이렇게 위해주는 사람이 있으니 말이다. 사람은 아플 때 마음도 많이 약해지는가 보다. 다음 주에 또 온다는 말에 마음이 요동치고 시야가 흐려진다. 눈동자 속에 파도가 일렁인다. 엄마에게 눈물을 보이지 않으려 하늘을 올려다본다.

"엄마, 왜 그래? 하늘에 뭐가 이또요?"

"응. 뭐가 있어서 보는 거야."

"뭐가 이떠? 또 파리야?"

파도는 썰물이 되어 사라지고 초롱초롱한 눈동자로 정우를 내려다본다.

함께하는 밥상

아이들과 식당에서 밥을 먹는다는 건, 그것도 가족이 아닌 다른 이들과 밥을 먹는다는 건, 밥이 코로 들어가는지 입으로 들어가는지 모를 정도로 정신이 쏙 빠진다. 주문도 하기 전부터 주변은 엉망진창이다. 수저통을 열고서 하나하나 꺼내어 식탁을 두드린다든지, 물컵에 따른 물을 쏟는다든지, 냅킨을 다 꺼내 들고 흔들거린다든지. 어렵사리 주문하고 나면, 또 음식이 나올 때까지 어르고 달래려고 쉬지 않고 쫑알쫑알. 이제는 뜨거운 밥과 국을 식혀야 하는데 자꾸만 입속에 먼저 넣어 달라며 재촉한다. 이렇게 정신없이 먹이고 나면 엄마가 먹을 차례. 하지만 작은 녀석은 기다려주지 않는다. "다 먹었어요. 나갈래요." 엄마도 사람인데. 배고프기는 마찬가지인데. 엄마도 좀 먹자. 하는 수 없이 스마트폰을 꺼내어 내민다. 엄마도 먹어야 힘내서 또 작은 녀석 꽁무니를 쫓아다녀야 하기에 엄마 입도 바쁘다.

주섬주섬 가방 안의 스마트폰을 꺼내어 정우에게 내민다. 요즘 식당에 가면 스마트폰을 아이에게 주고 식사를 하는 엄마들을 많이 본다. 그 모습을 보며 안타까워했는데 내가 지금 내 아이에게 그러고 있다. 그러지 않으면 밥을 먹지 못하니 어쩔 수 없는 현실이다. 정우의 흥미가 떨어지기 전에 허겁지겁 밥숟가락을 입으로 가져간다. 따끈따끈하던 먹음직스러운 음식은 이미 다 식은 지 오래다. 안 먹자니 1시간 뒤 힘이 빠져 아이에게 화내고 있을 내 모습이 두둥실 떠오른다. 도리도리 머리를 흔들며 화내는 내 모습을 뿌옇게 지우고는 꾸역꾸역 차가운 음식을 입안으로 정신없이 밀어 넣는다.

그것도 잠시, 정우는 밖에 나오면 스마트폰의 영상에는 관심이 없다. 작은 네모 상자의 세상보다는 눈으로 보고, 만져지는 실제 세상에 관심이 더 많다. 어쩌겠는가, 나는 오물오물 음식물을 입안 가득 넣은 채 정우에게 물을 먹이면서 일어선다.

문득 우진이 엄마가 했던 말이 떠오른다. "정우랑 먹으면 체할 것 같아. 정우 엄마 괜찮아?" 누군가가 나의 마음을 헤아려 준다는 건 참 큰 위로가 된다. 정말 그날 우진이 엄마는 체했다며 문자가 왔다. 어찌나 미안하던지. 나도 처음에는 체해서 못 먹는 날이 많았는데 먹지 않으면 배가 고파 예민해지기에 나는 뿔이 두 개나 달린 도깨비로 변해버린다.

날이 선선하여 지온이네와 산책을 나와 놀다가 집 근처에 있는 칼국수 집에서 저녁을 해결하기로 했다. 그 칼국수 집의 김밥이 기가 막히게 맛이 있어서 엄마들은 호호호 수다를 떨며 유모차를 밀었다. 생각보다 작은 칼국수 집에 도착해서 문을 열고 들어섰다. 아뿔싸. 아기 의자가 없다. 아기 의자 없는 곳에서의 식사란, 어디로 튈지 모르는 럭비공을 옆에 두고 밥을 먹어야 하는 상황이다. 다시 되돌리기엔 너무 늦어버렸다. 국수 노래를 부르는 아이들을 의자에 앉히고는 서둘러 주문하고 스마트폰을 꺼내어 주었다. 배가 고파 우는 아기 새들처럼 아이들이 정신없이 무언가를 말하고 있다. 그러지 않아도 바쁜 점심시간이 더욱더 분주하게 느껴졌다.

"국뚜 주세요! 이모 국뚜 주세요."

영상을 보는 둥 마는 둥 정우는 영상보다는 국수에 관심이 많다. 지온이는 얌전히 앉아서 영상을 보고 있다. 천생 여자다. 엄마 옆에 찰싹 붙어서는 다소곳이. 너무 예쁘다. 반면 지지배배 울어대는 통에 눈치 보랴, 다른 영상 재미있는 거 찾아 주랴, 먹을 준비하랴. 나만 바쁘다.

뜨끈한 국수가 나오자 빨리 달라며 내 손을 잡아끈다. 어미 새가 그러듯 아기 새의 부리 속으로 허겁지겁 식힌 국수를 넣어 준다. 그다음 숟가락을 준비하느라 엄마들이 주문한 빨간 비빔국수는 이미 잊혀진 지 오래다. 이제 엄마도 한 입 먹어 볼라치면 "또 주세요!"라며 가게가 떠나가라 소리친다. 황급히 내 입으로 가려던 숟가락을 내려놓고 국수를 돌돌돌 말아 정우 입에 쏙 넣어 준다. 그렇게 밥까지 말아 먹고는 "다 먹었어요."라며 의자에서 폴짝 내려 국수 가게 안을 누빈다. 김밥이라 다행이다. 식어도 맛이 있기 때문이다. 김밥 하나를 입에 문 채, 정우를 잡아다 다시 의자에 앉힌다. 그 새콤달콤하게 생긴 빨간 비빔국수는 결국

돌부처가 되어 비벼지지 않는다. 억지로 육수 국물을 부어 비벼 보지만 때를 놓치고야 말았다.

지온이는 영상을 보면서 아직도 먹고 있는 상황. "천천히 먹고 나와요. 정우랑 밖에서 꽃 보고 있을게요."라고 말하고 김밥 하나를 오물거리며 자리를 이탈한 정우를 데리고 밖에 있는 나팔꽃을 구경하러 나갔다. 곧이어 지온이가 나왔다.

"근데 밥을 먹었는데도 왜 배가 고프죠?"

"저도요. 가는 길에 햄버거 하나 먹을까요? 애들은 감자튀김 주고."

햄버거 가게에 도착해서도 아이들은 고삐 풀린 망아지가 되어 마구간이라도 되는 듯 뛰어다닌다. 다행히 따끈한 감자튀김이 망아지들을 잠시 조용하게 만들어 주었다. 그리하여 엄마들은 햄버거 하나를 조각내어 나누어 먹을 수 있었다.

"엄마~ 이모~"라며 지온이가 감자튀김에 케첩을 푹 찍어 내밀어 보인다.

"고마워. 지온아~ 지온이 밖에 없네."

이 모습을 유심히 지켜보던 정우는 들고 있던 감자튀김을 입안으로 쏙 넣고 새 감자튀김을 집어 들고 케첩을 듬뿍 찍어 나에게 내민다.

"흥~ 이제야 주는 거야?" 감자튀김을 받아 들었다.

"정우밖에 없네!"라며 외치는 녀석. 귀여운 질투를 하고 있었구나. 지온이 엄마와 나는 빵긋 웃으며 사랑스러운 얼굴로 아이들을 바라보았다. 서로 경쟁이라도 하는 듯 엄마와 이모에게 감자튀김을 건네는 아이들. 사랑을, 관심을 받고 싶은 아이들.

핵가족화로 밥도 각자 먹는 일상이 되어 버린 지 오래다. 조금만 더 크면 자기 방 컴퓨터 앞에서 밥을 먹는다고 할지도 모르겠다. 지금은 밥을 코로 먹는지 입으로 먹는지 가늠이 가지 않더라도 너희들과 함께 밥을 먹을 수 있어서 엄마는 행복하다.

밴드

하루가 다르게 성장하는 아이를 볼 때면 가슴이 뭉클하다. 나도 그만큼 성장했을까 하며 엄마 스스로 돌아보게 만든다. 이것이 너와 나의 공생 관계가 아닐까. 엄마는 아이를, 아이는 엄마를, 서로가 서로를 성장하게 해 준다.

입이 귀에 걸리도록 웃음 짓게 만드는 아이가 마냥 귀엽다가도 저 녀석이 분명 내 인내심 테스트를 하는 것인지 의문이 들 때도 있다. 기어코 욱하게 만들어 결국 야단을 맞고 우는 아이의 모습을 보면 마음이 좋지 않다. 특히나 자기 바로 직전, 혼이라도 낸 날 밤에는 아이를 유심히 살피게 된다. 캄캄한 어둠 속에서 새근새근 고른 숨을 쉬며 잠든 아이 얼굴을 보고 있노라면 코끝이 찡하고 마음은 애잔하다.

꼭 잠들기 전 쉬가 마렵다며 화장실을 가겠다고 두 번, 세 번이나 방문을 열어젖히는 일이나, 집 앞 5분 거리도 되지 않는 마트로 콩나물을 사러 가는 길에 꼭 동행하여 세월아 네월아 30분이 넘도록 걷게 하고, 마트에서는 콩나물뿐만 아니라 손에 과자 한 봉지라도 들고 돌아와야 직성이 풀리는 정우다. 엄마 입장에서는 속을 박박 긁는 행동들이 아이 입장에서 보면 세상이 궁금하고 호기심 때문에 하는 행동들일 뿐인데. 어린아이가 의지할 곳은 엄마인 나뿐인데……. 어른인 엄마는 오늘 기분에 따라 화를 내기도, 하루는 눈감아 주기도 한다.

이렇게 한 뼘 성장한 아이를 보면서 나를 뒤돌아보면 일상생활에서는 보이지 않는 면들이 하나둘 보인다. 세상이 처음인 아이처럼, 엄마는 엄마가 처음이라 서툴기는 마찬가지인데 엄마가 옳다고, 엄마 말 안 듣는다고 야단만 쳤던 내 모습이 파노라마처럼 스친다. 야단의 기준과 잣대를 나 혼자 만들어 놓고 그 기준에 맞추라며 아이에게 화를 냈다. 돌이켜보니 나는 폭군이요, 잔인한 엄마였다. 사회가 만들어 놓은 틀에 나를 맞추라고만 하는 사회가 싫어 무조건 저항했던 나의 젊은 시절이 생각이 나서였을까. 힘없는 어린아이가 가엽게 느껴졌다.

여느 날과 다르지 않게 집에서 정우가 가지고 놀다 내동댕이친 장난감에 걸려 그만 넘어지고 말았다.

"아이고 아파라."

넘어짐과 동시에 나도 모르게 입에서 소리가 나왔다. 그랬더니 저만치서 놀고 있던 정우가 쪼르르 달려와 말한다.

"엄마! 왜 그래요? 무슨 소리야? 왜 그래요?"

속사포처럼 따따따 이야기하는 모습에 아픔도 잠시, 웃음이 났다.

"엄마 다쳤어. 아파. 아파."

정리 정돈에 대한 경각심을 심어주기 위해 아프다고 더 엄살을 부렸다. 두리번두리번 나를 이곳저곳 살펴보더니 다시 묻는다.

"배가 아파서 그래? 그럼 맘마 못 먹어."

실소가 터져 나왔다. 넘어진 엄마에게 배가 아파서 밥을 못 먹는다니. 귀여운 발상이지 않은가. 들킬세라 배를 잡고 엎드려 낄낄 웃고 있는 나를 정우가 살포시 안아준다. 아마 아파서 울고 있는 것으로 착각한 것 같다.

"이리 와. 정우가 안아줄게."

참 다정한 아이로 자라주었구나. 정우의 품에 안겨 잠시 쉬어본다.

"아니야. 엄마는 다리를 다쳤어. 정우가 장난감을 아무 데나 두어서 걸려 넘어진 거야. 다음부터는 장난감을 제자리에 갖다 놓을래?"

"다리 다쳤어요? 어디요? 피나요? 피가 철철 나요? 정우가 밴~드 붙여줄게요." 하더니 약과 밴드를 넣어둔 약상자를 낑낑거리며 들고 와서 하는 말.

"의사 선생님으로 변신~"

그러고는 보이지도 않는 상처 위에 약을 바르고 밴드를 붙여준다. 아이의 보이지 않는 상처 위에 내가 따스한 손길로 약을 발라주고 꼭 안아주는 것처럼.

제4장
천고마비의 육아

잘 자요

어둠이 밀려오면 걱정도 밀려온다. 그 걱정은 그날의 마지막 일 바로 아이 잠재우기다. 신생아 시절부터 두 발 쭉 펴고 잔 날이 손에 꼽을 정도니 나는 매일 밤, 잠들지 못하는 올빼미다. 누가 나보고 말하기를 "돌 지나면 괜찮아져. 두 돌 지나면 좋아질 거야."라고 하며 위로를 했지만 그건 모두가 거짓말이었다. 두 돌이 지나 세 돌이 다 되어 가는 마당에 잠자는 걸 정말이지 싫어한다. 잠잘 시간만 되면 "엄마, 불 끄지 마세요. 안 잘 거야. 이따 잘 거야. 책 볼 거야. 쉬 마려워요. 물 주세요."라며 온갖 핑곗거리를 만든다.

지난달에 동화책 전집 두 질을 사고 거기에 커다란 전면 책장까지 샀다. 아이에게 다양한 세상의 이야기를 들려주기 위해서이기도 하고, 밤마다 해 줄 이야깃거리가 생각나지 않아 궁여지책으로 생각해 낸 것이다. 그 이후, 자기 전 책 보는 것이 잠들기 전 의식이 되었다. 처음에는 세 권으로 시작했으나 지금은 다섯 권, 열 권이 되었다.

책을 잘 봐주어서 뿌듯한 마음과 함께 큰 인물이 되겠다며 남편에게 자랑도 했지만 한 달이 지난 지금은 책 읽는 시간이 힘들게 느껴진다. 봤던 책을 또 보고 또 보고 두세 번을 보고 다음 책으로 넘어간다. 이렇게 책을 보면 기본 40분. 어느 날에는 2시간을 본 적도 있다. 책을 읽다가 동화 구연이 되어 버리기도 하고, 책에서 무당벌레가 나오면 갑자기 거실로 달려 나가 무당벌레 장난감과 다른 무당벌레 책을 가지고 들어온다. 처음에는 신통방통하여 맞장구를 쳐주었는데 지금은 책을 괜히 사줬나 싶은 생각이 들 정도다. 아이에게 많은 이야기를 해주고 싶은 마음에 책을 사고, 잘 재우기 위해 읽어주었는데 아이러니하게도 지금은 책을 그만 좀 봤으면 싶다. 누가 들으면 나쁜 엄마라고 손가락질할지도 모른다.

오늘도 책을 두세 차례 돌려보고는 "한 번 더!"라고 외치는 작은 녀석에게 단호히 이야기했다. "마지막 한 번만 읽고 불 끄기로 약속했지. 약속은 지켜야 해."

벌렁 드러누워 배를 들어 올렸다 내렸다, 데굴데굴 굴러다니며 "시어시어~ 불 끄지 마." 온몸으로 말한다는 것이 흡사 이런 모습이 아닐까 한다.

"약속은 지켜야 해."

책을 정리하며 '툭' 스위치를 내렸다. 갑자기 어두워진 탓에 희미한

조명 불에 의지하여 더듬거리며 정우를 불러도 대답이 없다.

"정우야 어디 있어?"

대답 없이 이부자리 위에 앉아서 한다는 말이 "쉬 마려워요."

그렇게 또 정우를 데리고 화장실을 두 번 왔다 갔다 하니 이제야 배게 위에 머리를 대고 눕는다. 이번에는 또 고래고래 노래를 부르기도 하고, 재잘재잘 오늘 있었던 일을 이야기하기도 하며, 대꾸 없는 나를 쳐다본다. 그러더니 검지로 내 입을 푹! 찌른다.

"엄마 잘 자요. 입도 잘 자요. 코도 잘 자요. 눈도 잘 자요. 이쪽 눈도 코오 자요."

"아야!"

눈을 찌를 때는 너무 세게 찔러 눈앞에 번개가 번쩍 비추며 지나갔다. '분명 나를 시험에 들게 하는 거야.'라며 애써 스스로 위로하고는 아이 얼굴을 잡아다 이마와 이마끼리 맞닿게 하고 조용히 이야기한다.

"쉿~ 정우도 잘 자요."

"엄마, 근데 멍멍이 같다."라며 깔깔깔 웃는 것이 아닌가. 나도 모르게 침이 튀도록 웃어 젖혔다. 캄캄한 어둠 속 땡그란 두 눈을 보고 있으니 내가 강아지처럼 보였나 보다.

'정작 눈이 땡그란 귀여운 강아지는 바로 너인데.' 아이를 잡아당겨 내 품에 넣고서 나는 외친다.

"멍멍! 멍멍!"

아! 오늘도 일찍 자기는 다 틀린 것 같다.

자아성찰

엄마들은 임신하고 빠르면 초기, 아주 늦으면 아기 낳기 전날까지도 출근을 한다. 그러다 출산을 하면 모든 것이 모두 정지. 그 후로는 오로지 아이에게 집중한다. 엄마가 되는 것을 몸소 깨우치고 알아가는 이른바 육아의 현장에 뛰어들게 된다. 그래도 신생아일 때는 정신이 없으니 내가 누구인지 스스로 물을 시간조차 없다. 결혼 후, 아니 정확히 말하자면 출산 후 늦은 새벽녘에 깨어 졸린 눈을 비비면서 조그마한 아이에게 젖을 물리며 드는 생각.

'나는 누구인가?'

사람은 자기가 누구인지 자아 성찰을 하는 것이 평생 인생의 숙제라고 한다. '나는 누구인가?'라는 고뇌에 빠질라치면 멀~리서 들려오는 소리.

"응애. 응애."

신생아 시절은 그야말로 지금이 밤인지 낮인지 헷갈릴 정도로 깨어 있어서 눈가에는 깊은 다크서클로 마치 좀비 모습이다. 서서히 신생아에서 5개월쯤 들어서면 조금은 여유가 찾아오니, 세상 제일 예쁜 우리 아이의 재롱을 실컷 만끽하기도 한다. 그러나 이런 여유와 기쁨도 잠시, 조금 더 지나 돌이 되어 걷기 시작하면 고비가 온다. 지금부터는 어디 나가기가 무섭다.

다칠까 봐, 사람 많은 곳에서는 잃어버릴까 봐서이다. 그래도 좋다. 이제는 먹는 음식이 다양해져서 아이스크림이나 과자로 10분은 앉혀 놓을 수 있으니 말이다. 그렇게 두 돌이 되어 아이가 말을 시작하면 얼추 사람 모습이 나타난다. 의사소통이 되면서 많은 것들이 수월해진다. 반면 자기 고집과 황당한 말들을 늘어놓아 때로는 화를 내게도 하고, 웃게 만들기도 한다.

그러면서 '나는 누구인가?'라는 질문이 뚜렷하게 머릿속에 떠오른다. '나는 엄마인가? 언제까지 엄마인가? 이러다 사회에서 멀어져 아무 일도 못 하게 되는 것은 아닐까? 경단녀가 된 아줌마에게 누가 일을 시켜주겠나? 아니, 일을 준다고 해도 전처럼 일할 수 있을까? 아이를 돌보면서 일을 할 수 있을까? 일에 대한 생각도 꿈틀꿈틀 아지랑이 피듯 서서히 피어오른다.

나는 결혼 전에 대기업의 트레이너였다. 이제 와 트레이너를 하자니 근무시간이 문제지만 더 문제인 것은 아이를 낳고 늘어진 걱정만큼 늘어난 내 뱃살이다. 말도 안 되는 아이의 말에 말대꾸하느라 소진한 열량을 당으로 보충하느라 생긴 늘어진 배. 또 아깝다는 이유로 아이가 먹다 남긴 밥과 간식을 모조리 먹어서 생긴 출렁이는 배.

이 몸으로 예전 일을 시작할 수도 없는 노릇이고 일을 하는 데 있어 가장 큰 제약 조건은 아이가 어린 엄마라는 것이다. 엄마 대신 아이를 돌봐줄 사람이 없다면 실제로 어린이집에 보낸 시간 동안 일을 해야 한다. 그런 황금시간대의 일을 찾기란 하늘의 별 따기다. 고민하고 고민하다가 심심풀이로 간단한 아르바이트 자리가 있다기에 전화를 하면, 제일 먼저 묻는 것은 나이와 결혼 여부이다.

"일을 잘하느냐 못하느냐가 중요하지, 나이와 결혼 여부가 무엇이 중요하다고 먼저 묻냐. 치사하게."

지금 나에게 맞는 일자리를 찾는 것은 시간도 조건도 따라주지 않는다. 그래서 나는 오늘도 '나는 누구인가?'라는 화두를 붙잡고 묻고 또 묻는다. 이러다가 어느 날 모든 것을 버리고 산속으로 들어가는 것은 아닐는지…….

정 많은 아이

유전자의 힘이 이토록 무섭단 말인가. 아빠와 엄마를 빼다 박았다. 생김새는 물론이요, 성격도 유전자의 힘을 받는다. 아빠는 친구를 좋아하며 엄마는 친구뿐만이 아니라 그 사람들과 함께 어울리는 것을 좋아한다. 그래서 그런지 정우는 놀이할 때도 친구들과 어울려, 잡기 놀이나 '무궁화 꽃이 피었습니다'와 같은 공동체 놀이를 좋아한다.

예전에 맘 카페에서 이런 글을 읽은 적이 있다. 어느 엄마가 둘째를 낳아야 하나 고민이 된다는 글이었다. 사연은, 아이가 외동이라 놀이터에 가면 형제, 자매끼리 온 아이들과 같이 놀고 싶어 서성이는데 그들이 끼워주지 않아서 마음이 아프다는 글이다. '요즘 세상에 어린이집 친구들하고 같이 놀이터에 가면 되지.'라며 대수롭지 않게 여겼다. 그러나 지금 내가 둘째를 고민하는 글을 쓴 엄마의 처지가 된 것이다. 아이는 어울려 놀고 싶어 하는데 끼리끼리 온 녀석들이 놀이에 끼워주지 않는다. 금세 상처를 받아 터덜터덜 나에게로 온다. 물론 잘 놀아 주는 형, 누나들도 간간이 만난다. 그럼 놀이터에서 형, 누나들이 갈 때까지 나에게 눈길 한번 주지 않고 함박웃음 지으며 이리저리 다람쥐처럼 뛰어다니며 논다.

화창한 어느 주말.

"정우야, 날도 좋은데 놀이터에 갈까?"

"율리랑 우진이도 함께 놀이터 가요?"

"갑자기 율리랑 우진이는 왜? 율리랑 우진이는 자기 집에 있지~"

"정우는 외로워서 놀이터 안 갈래요."

이런. 그 좋아하는 놀이터를 마다하다니. 그것도 외로워서 안 간다니.

외롭다는 말을 쓰는 세 살배기가 귀엽기도 하지만 마음속에 무엇인가 짠하게 밀려온다.

"엄마가 같이 가줄게."

"알았어요. 엄마랑 가면 안 외로우니까 갈 거야."

그제야 양말을 신고 신발장 앞으로 쪼르르 달려간다. 혼자 가는 정우가 외로울세라 나는 얼른 내 양말을 들고 신발장 앞으로 뛰어가 신는다.

집 앞 놀이터에 나가보니 다섯 살로 보이는 남자아이와 세 살로 보이는 여자아이 남매가 놀고 있었다. 하필, 정우가 좋아하는 '무궁화 꽃이 피었습니다'를 외치면서…….

정우는 그 주변을 뱅글뱅글 돌기도 하고, 형아 옆에 서서는 몸을 배배 꼬더니 '헤헤' 웃으며 다가섰다.

그때 갑자기 "야, 우리는 너랑 안 놀 거야. 저리 가."

그 옆에 서 있는 아빠도 그 모습을 보면서 아무런 대응을 하지 않는다.

"정우도 '무궁화 꽃이' 좋아하는데."

"우리는 너랑 안 논다니깐. 아빠, 얘가 자꾸 우리를 방해해요."라며 고래고래 소리를 지른다. 정우는 이내 곧 휙! 등을 돌리더니 터덜터덜 놀이터 끝자락으로 걸어가면서 소리친다.

"정우도 형아랑 안 놀 거거든!"

뒤돌아 가는 정우의 어깨가 들썩인다. 우는가 보다. 형을 좋아하고 동생을 좋아하고 친구를 좋아하고 누나를 제일 좋아하는 정우가 상처를 받은 모양이다. 이 모든 일이 순식간에 벌어진 터라, 타이를 때도, 안아줄 때도 놓쳤다. 아니, 엄마인 내가 정우의 아픈 마음을 놓쳐 버렸다. 정우는 다섯 살 형아의 모습에 적잖은 충격을 받았는지도 모른다. 도리도리 머리를 양쪽으로 흔들어 대며 얼른 정신을 차리고 정우에게로 달려갔다.

"정우야, 엄마랑 숨바꼭질할까?"

"시러!!"

"그럼 무궁화 꽃이 피었습니다~ 할까?"

"안 해!!"

"형아가 안 놀아줘서 속상했어?"

"응. 정우도 안 놀 거야!"

"그럼 엄마랑 하면 돼지~"

"시러! 형아랑 하고 싶단 말이야. 으엉"

결국, 내가 정우를 울리고 말았다. 아이고. 정 많은 우리 아가. 꺼이꺼이 우는 정우를 냉큼 안아 올려 '둥가 둥가'를 하며 어르고 달래 본다. '둘째를 낳아야 하나'라는 생각이 밀물처럼 내 마음을 밀고 들어온다. 정우는 내 품에 안겨 가슴속에서 밀물과 썰물이 교차하는 파도 소리를 들으며 무엇이 그리도 서러운지 한참이나 그렇게 '엉엉' 소리를 내어 운다.

휴대폰 무음처럼

자기 전 꼭 하는 것이 있다. 그건 바로 책 5권 읽기와 휴대폰 무음으로 해 놓기다. 휴대폰을 무음으로 해 놓은 채, 책을 읽고 나면 간혹 전화가 와 있을 때가 있다. 그제야 부재중을 확인하고 30분 정도 지난 후 연락을 한다. 아이를 키우면서 내 전화기는 수시로 무음으로 되어 있어, 나를 찾는 사람들의 목소리에 바로바로 귀 기울이지 못하게 된다. 항상 나를 찾을 때가 아닌, 한참 지나고 나서 연락을 하니 상대방에게 매번 미안한 일이다.

오늘도 휴대폰의 무음 버튼을 누르며 나도 모르게 한숨을 '픽' 내쉬었다. 아이와 왁자지껄 재미있게 책을 읽고 나서 불을 끄고 누워 또다시 재잘재잘. 물론 불 끄지 말라고, 책을 더 보겠다고 실랑이를 벌이고 나서 지쳐 있지만 말이다. 한 시간 정도 노래도 부르고, 오늘 있었던 일도 이야기하고, 내일 무엇을 할 것인지도 이야기하며 흥분의 상태를 가라앉히고 스르르 잠이 든다. 팔이 저려 눈이 떠졌다. 아이도 나도 어느새 잠이 들었는지 모르겠다. 조용히 팔을 빼고 대신 배게 위에 눕힌다. 너무 피곤한데 잠이 오지를 않는다.

조용한 적막감만이 흐를 뿐.

조용히 휴대폰을 들어 화면을 보니 톡도 와있고, 아니나 다를까 전화도 와있고, 얼씨구나. 오늘은 문자 메시지까지 와 있다. 하나하나 확인하고 답장을 하고 나니 또다시 적막감이 휩쓸고 지나간다. 새벽녘에 보냈으니 답장이 당장 올 리는 없고. 잠은 오질 않고. 적막감에 고립된 느낌이 든다.

휴대폰의 무음처럼 이렇게 나도 무음이 되어가는 것일까. 쓸쓸함이 나를 덮치려 할 때 난 머리를 절레절레 흔들고는 잠들어 있는 아이를 힐끗 보았다. 잠잘 때는 하늘에서 막 내려온 아기천사 같다. 새근새근 고른 숨소리가 내 마음에 평정을 가져온다.

'맞아, 휴대폰이 무음이어도 기능에 이상이 있는 것은 아니잖아. 나도 잠시 정우를 위해 무음일 뿐인 거야. 세상도 밤에는 잠시 무음이듯이.'

마지막 일격

아이에게 유치한 질문을 던진 적이 있다. 그건 바로 "엄마가 좋아? 아빠가 좋아?"라는 질문이다. 무엇을 좋아하는지 의사 표현을 하게 되고 어떤 것을 갖고 싶은지 말하게 되고부터 아이에게 물어본다.

"빨간색이 좋아? 파란색이 좋아? 이게 좋아? 저게 좋아?"

그럼 확실하게 돌아오는 답변.

"빨간색! 이거! 둘 다!"

하루에도 아이에게 수백 가지 질문을 하는 것 같다.

"이거 먹을래? 저거 먹을래? 무슨 생각 해? 무엇을 하고 있어?" 등등.

아이는 쏟아지는 질문에 곧잘 대답해 준다. 그러다 간혹, 내가 의도한 것과는 완전히 다른 대답을 하기도 한다. 어느 날인가 분홍색을 좋아해 분홍색 아이스크림을 주고 내가 초콜릿 아이스크림을 먹으려고 지나가는 말로 물어본 적이 있다. 그랬더니 "엄마, 난 분홍 아이스크림 싫어. 초콜릿 아이스크림 먹을래."라며 의외의 대답을 한다. 그러고는 초콜릿 아이스크림을 얼른 입으로 가져간다.

그런데 요즘은 반대로 아이가 나에게 수시로 질문 세례를 한다.

"엄마, 이거 뭐예요? 뭐해요? 무슨 맛이에요? 어디 가요? 왜요? 왜요? 왜요?" 결국은 '왜요'로 끝나지만……. 하나하나 정성스레 대답해 주지만, 따발총처럼 쏟아지는 '왜요'가 등장하면 머릿속이 하얀 백지상태가 되는 경우가 많다.

"엄마, 비가 왜 와요?"

"응~ 구름에서 비가 내리는 거야."

"그럼, 구름에서 왜 비가 내려요?"

"응~ 구름은 수증기로 만들어진 건데 무거워져서 땅으로 내려오는 거야."

"왜 무거워져요?"

"응~ 그게 말이다. 저기 봐! 구름에서 비가 내리지! 우와. 많이 내린다."

"어디요? 나는 안 보이는데."

이렇게 유종의 미를 거두지 못한 채 우리 대화는 중간에 멈추는 일이 허다하다. 미안하기도 하지만 뭐라 해 줄 말이 없다. 내가 아는 지식도 한계가 있고 해 주면 또다시 속사포로 물어올 테니까. "왜요? 왜요? 왜요?"

"근데 엄마는 정우가 좋아요? 아빠가 좋아요?" "무어라?"

고민하는 척을 하다 정우에게 큰 소리로 대답했다.

"당연히 정우가 좋지! 엄마는 이 세상에서 정우가 제일 좋아!"

정우는 심각한 고민에 빠진 듯한 표정으로 나를 올려다본다.

"나도 알아요. 엄마는 아빠를 좋아하는 것."

순간 백지상태가 되었다.

아이를 낳고 아이를 챙기느라 연애 시절의 남편이. 지금의 남편이. 어느 순간 아이의 작은 그림자에 가려져 옆으로 살짝 삐져나온 무거운 어깨만 보이고 있는 것은 아닌가 하는 생각이 스쳤다. 짧은 생각이 스쳐 갈 무렵. 정우는 나에게 마지막 일격을 가한다.

"정우랑~ 아빠랑~ 둘 다 좋지요?"

옆에 있어 밉다가도 없으면 걱정되는 남편이 생각이 나, 가느다란 속눈썹에 눈물을 방울방울 매달고 활짝 웃어 보인다.

"맞아, 엄마는 둘 다 좋아!"

천국과 지옥

키즈카페는 누가 생각해 낸 것인지 정말 대단하다. 실내에서 할 수 있는 놀이기구도 다양하다. 특히 동굴 속 미로는 재미도 있고, 제법 운동도 된다. 나는 가끔 아이를 따라 동굴 속으로 들어가 본다. 아이에게 맞춰진 천장 높이는 엄마인 나에게 유격 훈련 그 자체이다. 속으로 '유격, 유격'을 외치며 따라가면 바닥이 울록불록한 미끄럼틀을 주르륵 타고 소방서에서나 볼법한 봉을 잡고 멋지게 내려와야 한다. 또 아이들의 촉감을 자극하기 위해 마련된 편백나무 놀이터에 있는 나뭇조각들은 밟으면 어찌나 아픈지 발 지압이 따로 없다. 규모가 작은 곳에서부터 큰 곳까지 다양하다. 어느 곳에서나 미니 자동차를 운전하는 곳은 아이들이 가고 싶은 곳 1순위이다.

아이들이 혹시나 다칠세라, 다른 친구와 싸울 수도 있어 아직 세 살배기 엄마들은 아이의 그림자라도 되는 양 '졸졸졸' 따라다녀야 한다. 아이를 따라 한두 시간 유격 훈련을 한 엄마의 무릎이고 허리는 물론 온몸이 아프지 않은 곳이 없다.

이러한 아이들 천국에 오면 장난감, 사탕, 초콜릿부터 아이는 환호성을 지르고, 엄마들은 인상을 찌푸리게 하는 것들을 열과 각을 맞춰 정렬해 놓았다. 꼭 계산대 앞에 말이다. 아이들의 판단력을 흐리게 할 뿐만 아니라, 엄마의 지갑을 탈탈 털어간다. 희한하게 평소 먹지도 않는 것을 사달라고 떼를 쓰고, 좋아하지도 않는 장난감을 사달라고 엉엉 운다. 이곳이 정녕 천국인지 지옥인지 모르겠다.

요즘은 엄마들이 조금 큰 아이들을 키즈카페에서 놀게 하고 쇼핑을 한다든지, 키즈카페 내에 마련된 카페에 앉아 휴대폰을 보거나 쪽잠을 자는 분들을 간간이 본다. 그래서 그런지 큰 키즈카페에는 보안 요원들이 배치되어 있어 아이가 다치지 않게 손을 잡아주기도 하고 같이 놀아주기도 한다.

집 앞 큰 키즈카페가 생겼다는 소식에 아이와 '룰루랄라'하며 방문을 했는데 보안 요원들이 곳곳에서 아이들과 놀아 주는 모습에 박수가 절로 나왔다. 엄마는 앉아서 놀아 주는 모습을 보면 된다. 하지만 워낙 넓은 곳이라 '졸졸졸' 따라다니기는 마찬가지이다.

징검다리를 건너는 구간에서 엄마 손은 뿌리친 채 "내가 혼자 할 수 있어!"라며 위풍당당 건너던 정우가 갑자기 등장한 보안 요원 누나에게 수줍게 손을 내민다. 심지어 정우가 내 귓속에 대고 하는 말. "엄마는 저~기 앉아있어."하고는 누나를 보며 몸을 배배 꼰다.

좋아할 일인가? 서운해야 할 일인가? 앉아서 쉬니 좋다만 뭔가 서운하다. 앉아있는 것도 어색해 정우에게 다가가면 쪼르르 달려와서는 "엄마는 앉아있으라니까."라며 나를 의자에 앉혀 놓고 누나에게 가서는 못하는 척 낑낑거린다. 이런 할리우드 액션은 어디서 배운 것일까. 서운하긴 하지만 의자에 앉아있는 편안함에 키즈카페가 천국인지, 지옥인지 다시금 생각하게 만든다.

목욕탕의 눈물

"엄마, 수영장에 가고 싶어요."

찬 바람이 불기 시작하는 10월의 끝자락. 정우는 수영장에 가고 싶다며 작디작은 우리 집 욕조 안에서 버둥버둥 댄다. 수영장에 가면 바로 감기를 달고 올 기세에 어떡하지 고민하는 순간, 대중목욕탕 안에 있는 유아탕이 생각났다. 남편에게 이야기하니, 남탕에는 유아탕이 없는지 처음 듣는다며 신기해했다. 나야 남탕에 안 가봤으니, 아니 못 가봤으니 알 턱이 없지만. (왜 여탕에만 유아탕이 존재하는 것일까. 이것 또한 달라져야 하는 사회의 한 부분이다.) 그럼, 아빠와 사는 아이는 목욕탕의 유아탕을 사용하지 못한단 말인가.

목욕탕에서는 안전사고가 빈번하다 하여 엄마에게 SOS를 쳤다. "이 시간에 무슨 목욕이야. 그냥 집에서 놀다 밥 먹고 가."라는 말에 정우는 엉엉 눈물을 보였고, 이내 엄마는 목욕탕 갈 채비를 하셨다. 엄마네 집

근처 작은 목욕탕에 도착하니 정우는 신이 나서 옷을 훌렁훌렁 알아서 잘도 벗는다. 목욕탕의 문을 삐그덕 열고 들어서니 습한 기운이 온몸을 감싸고돈다. 미리 챙겨 온 물놀이 장난감 몇 개를 달랑달랑 들고 미끄러지지 않게 양말을 신은 채 엉거주춤 들어서니 정우를 본 할머니들이 더 신이 났다.

그런데 작은 목욕탕이라 그런지 유아탕이 없는 것이 아닌가. 하는 수 없이 자리를 잡고, 비누칠하고 다 함께 미지근한 탕으로 입수. 목욕탕이란 걸 알 턱이 없는 정우는 수영장인 양 '풍덩풍덩' '어푸어푸' 수영도 못하면서 자꾸, 수영을 하겠다고 뛰어든다. 정우의 옆구리를 잡고 물에 둥둥 하기를 5분. 내 허리가 도저히 감당할 수 없는 처지에 이르러 저쪽 끝 빨간 대야를 가지고 자리로 이동했다. 어렸을 적, 엄마랑 목욕탕에 온 아이들이 빨간 대야 안에 들어가 놀던 풍경이 떠오르고 본능적으로 그 대야를 집어 든 것이다.

이제는 정우를 씻길 차례이다. 정우의 머리를 감기는 도중 갑자기 내 어깨 위로 따뜻한 물에 적신 수건이 올려지더니 조물조물 야무진 손놀림으로 마사지를 한다. 엄마다.

"엄마, 나는 신경 쓰지 말고 엄마나 씻어요."

"가만있어 봐. 왼쪽이 더 아프다고 했지?"

몇 차례 수건을 바꿔가며 해 준다. 너무나 시원해서 하지 말라고도 못하고 정우 머리를 감겨주면서 못 이기는 척 받아 주었다. 따뜻한 수건이 벗겨지고 때밀이 수건이 내 등을 강타하는 순간 2년 동안 묵은 때가 벗겨지고 번데기에서 새로 태어나는 나비가 된 양 그렇게 홀가분할 수가 없다.

엄마는 딸을. 딸은 아들을. 비엔나소시지처럼 줄지어 앉아 서로의 몸을 닦아주고 있다. 이것이 내리사랑이라는 것일까. 사실, 엄마와 목욕탕에 와 본 것도 어린 시절뿐이지, 성인이 되어서는 친구와 오느라 함께 오질 못했다. 이런저런 생각 할 겨를 없이 이리저리 구경 다니는 정우를 씻기고 닦이고 입히고 나와서 밥까지 먹이느라 정신이 하나도 없었다.

집으로 돌아와 옷을 갈아입는데 등이 따끔거리며 아파서 등 뒤로 거울을 보니 등을 너무 빡빡 밀었는지 빨갛게 물들어 있었다.

'엄마의 사랑인가. 정우를 씻기느라 엄마 등 한번 못 밀어 드렸네.'

사실 아이가 넘어질세라 눈 한번 떼지 못해 엄마 등은커녕, 눈길 한번 주지 못한 것이 마음에 걸려 휴대폰을 들어 전화를 걸었다.

"엄마, 정우 보느라 엄마 등도 못 밀어 드렸네."

"얘, 됐어. 정우는 자니?"

"근데 엄마, 너무 세게 민 거 아냐? 등이 빨개졌어."

"그 정도는 밀어야 시원하지. 많이 아파?"

"고마워요. 다음엔 우리 둘만 가요."

"싫다. 정우도 데리고 가야 재미있지. 둘이 무슨 재미냐."라며 우리 둘만은 안 간다고 하신다. 귀여운 우리 엄마. 다음엔 내가 먼저 엄마 어깨를 주물러 드려야겠다.

분리 불안

아기가 태어나서 엄마 없이 할 수 있는 일이 무엇이 있을까. 아이는 목을 가누기 시작하면서 소리가 나는 곳, 엄마의 냄새가 나는 곳을 응시하며 팔을 버둥거린다. 누가 알려주지도 않았는데 본능적으로 엄마 없는 세상이 두려운 것일까. 아이는 말 그대로 엄마의 '껌딱지'가 된다. 엄마가 화장실만 가도 '앵앵' 엄마가 눈앞에 보이지 않으면 울기부터 한다. 이것은 살기 위한 생존 본능이다. 엄마가 없으면 나에게 밥을 먹여 줄 사람도, 나를 포근히 안아줄 사람도 없다는 것을 말하지 않아도 작은 녀석은 느끼고 있다. 그리곤 두 팔을 버둥거리며 울어 젖힌다. 그것도 아주 필사적으로.

돌이 지나도, 두 돌이 지나 걷고, 뛰고 이제는 말까지 잘하는 버젓한 세 살배기 아이가 되어서도 엄마 껌딱지는 여전하다. 나는 아이를 안고 밥을 먹을 때도 있고, 여전히 화장실 문을 열고 볼일을 보며, 엘리베이터나 친척 집에 가면 내 목은 철봉이라도 되는 듯 온종일 부끄럼 타는 아이가 매달릴 수 있는 안식처가 된다.

엄마가 없으면 놀이터도, 재미있는 키즈카페도, 아무 데도 가지 않는다. 언제나 엄마 옆에 찰싹 붙어 떨어지지 않는다. 그러면서 하는 말.

"엄마랑 같이 놀이터 갈래!"

그렇다. 아이들은 엄마 없이는 그 아무 곳도 가지 않고 엄마가 보이지 않으면 불안해져서 '엉엉' 울고 만다. 심리학에서 이야기하는 엄마에 대한 분리 불안이다. 그래서 고전적 놀이인 까꿍 놀이도 있지 않은가. 엄마가 작은 손바닥 뒤로 가려져 보이지 않아도 '엄마는 여기 있다.'라는 것을 아이에게 인지시켜주는 놀이. 선조들의 훌륭한 아이 돌보기이다.

요즘 사람들은 입을 모아 이야기한다. "엄마가 행복해야 아이도 행복합니다." 맞다. 엄마들을 위한 위로라고 생각했는데 몸소 육아 전선에 뛰어들어 보니 정말 맞는 말이다. 행복한 엄마의 입에서 행복한 단어가, 행복한 콧노래가 나온다. 그 모습을 아이들은 눈에 담고, 귀에 담고, 기억 속에 담아 둔다. 그러고는 엄마도 모르게 아이도 모르게 그렇게 그렇게 엄마를 닮아 간다.

엄마도 살겠다며 남편에게 아이를 맡기고 오래된 친구를 만나 그간의 소식을 주고받으며 '호호호' 수다를 떨고 요즘 흥행하는 영화를 보기로 했다. 수다를 떠는 동안, 영화를 보는 동안 나는 즐거웠다. 정확히 말하자면 불안한 상황 속 즐거움이다. 복잡한 기분이 들었다. 그때 나를 스치고 가는 생각. '정우도 이런 기분일까?' 친구를 만나 입과 눈은 초승달이 되어가며 웃고 있는데 내 머릿속에는 '정우는 뭐 하고 있을까?' 정우 또래의 아이가 보이면 또 내 머릿속은 '정우 보고 싶다.' 영화를 보다가도 영화 속 장면을 보며 '저기에 함께 가 보고 싶다.' 슬픈 장면이 나오면 나도 따라 엉엉 울며 '정우야~'를 외친다. 그러고는 '호호호' 웃었던 시간이 무색할 만큼 불안감에 휩싸여 그 자리를 연기처럼 빠져나와 집으로 부리나케 향한다. 경보를 하다못해 집 앞에 이르러서 종종걸음으로 달려가고 있는 내 모습에 피식 웃음이 난다.

'나도 이렇게 불안한데 조그만 녀석은 얼마나 불안해서 울었을까?'

미안한 마음에 정우가 좋아하는 막대사탕을 하나 내밀어 보이니 조르르 달려 나와 한다는 말이 "엄마, 얼마나 보고 싶었다고요! 어디 갔다 왔어요?"였다.

이제는 아이가 엄마에 대한 분리 불안보다는 엄마가 아이에 대한 분리 불안이라는 말이 맞을 것 같다. 아이가 보이지 않으면 마치 내가 똥마려운 강아지처럼 낑낑거리며 이곳저곳을 살피고 난리를 피우니 말이다.

엄마, 아프지 마

엄마는 마음대로 아프지도 못한다. 엄마가 아프면 우리 가족이 고생하기 때문이다. 엄마는 본인의 건강보다도 가족들의 끼니가, 빨래가, 청소가 먼저 걱정이다.

출산 이후 찬 바람만 불면 편도가 탱탱 부어오른다. 1년 동안 병원이라곤 예방접종 할 때만 찾던 나에게는 충격이었을 뿐 아니라, 운동을 업으로 삼던 나였기에 자존감이 낮아지고 있음을 느꼈다. 잦은 감기와 편도염으로 이비인후과 식구들과는 눈인사할 정도로 가까운 사이가 되었다. 별로 좋은 현상은 아닌데…….

인간은 놀라울 정도로 적응력이 강한 동물이다. 그래서 지구상에 이렇게 오래오래 살아남는 것일까. 아픈 것도 적응이 되자 주사를 맞으면서도 '오늘은 정우랑 무얼 하고 놀까?'라는 생각을 하며 병원을 빠져나온다.

그렇게 주말이 되었고 힘이 든 나는 친정엄마를 찾아갔다. 사실 엄마네를 가도 아이는 나랑 떨어지려 하지 않아, 놀이터를 가도 함께 가야 했고, 나 없이는 어딜 가려고 하지 않았다. 그냥 나도 엄마에게 위로받고 싶어서, 엄마에게 가면 마음이 편해지기에 찾아갈 뿐이다.

엄마네 집 앞 공원 휴대용 유모차에서 불편하게 잠이 든 아이를 바라보며 그간 밀렸던 일기를 써 내려가고 있었다. 이런 자투리 시간에라도 일기를 쓸 수 있는 나에게 새삼 놀라면서도 이런 시간을 만들어 준 아이에게 고마워하면서.

이렇게 아픈 날은 얼른 커서 친구랑 놀러 나갔으면 싶다가도 "엄마, 아프지 마."라며 안아 줄 때는 또 천천히 크라고 토닥인다. '얼른 컸으면 좋겠다.' 생각하다가도 크는 것이 아쉬워 천천히 크라고 볼에 뽀뽀를 한 번 하고는 다시 일기를 써 내려갔다.

크는 것을 아쉬워하며 집에 돌아와 내 몸이 이상한 것을 느끼고는 체온계를 꺼내어 내 귀에 가져갔다. 그러자 쏜살같이 달려와 내 귓구멍에 체온계를 쑤셔 넣으며 "어디가 아프신가요?"라며 의사인 양 행세하는 아이의 모습에 내 왼쪽 귀는 아프지만, 실소가 터졌다. 그런데 체온계는 빨갛게 물들었고 곧바로 나는 고열로 몸이 팔팔 끓는 주전자가 되어 버렸다.

이 위험한 주전자는 온몸을 달구며 밤새워 뒤척이는 아이를 돌보아야 한다. 코가 막힌다며 깬 아이를 뜨거운 몸으로 안고 '흔들흔들' 할 땐, 내 몸이 으스러질 것만 같다. 창밖 반짝이는 희미한 작은 불빛에 기대어 이 악물고 달래 본다. 이런 것이 모성애일까? 응급실로 실려 가고 싶은 내 심정을 고요한 어둠 속 그 누가 알아줄까. 저 별님은 알아줄까?

"엄마, 뜨거워."라며 징징이가 된 아이를 다시 눕히고 토닥토닥여 본다. 열이 올라 몸은 뜨겁지만, 오들오들 떨리는 몸을 이불로 푹 뒤집어 쓴 채. 아이의 토실한 엉덩이를 비몽사몽간에 토닥여 본다.

화 마일리지

아이가 성장하는 모습을 바라보노라면 세상 만물이 다 신기하게 보이기 시작한다. 이른 봄, 동토의 땅을 뚫고 나오는 새싹이며, 하늘을 날아다니는 나비며, 하늘에 둥실둥실 흘러가는 구름까지도 신기하다. 나도, 꿈 많은 소녀를 거쳐 숙녀로 이제는 위대한 엄마로 성장했으니 스스로 생각해도 신기하다. 그러나 변하지 않는 것이 하나 있다. 바로 가슴 저 밑에서 요동치는 '화'라는 놈이다. 어지간하면 없어졌으면 좋겠지만 오히려 마일리지가 쌓이듯 차곡차곡 쌓이니 큰 문제다.

그날도 정우가 빵과 함께 따뜻한 우유 한 컵을 놓고 맛있는 간식을 먹고 있었다. 정우는 손이나 입에 무언가가 묻는 것을 지극히도 싫어한다. 그래서 먹다가도 곧잘 중간에 일어나 손과 입을 닦는다. 여느 때와 다르지 않게 입에 묻은 빵을 닦아 내려고 손을 뻗치는 순간 그만 사달이 나고 말았다. 따뜻하게 데운 우유 잔을 손으로 쳐서 우유가 모두 쏟아졌다. 식탁은 금방 쏟아진 우유로 엉망진창이 되었다.

나는 나도 모르게 버럭 화가 치밀어 올랐다. 그때 내 안의 또 다른 내가 하는 말이 들렸다. '그래, 쏟을 수도 있지. 정우는 아직 어리잖아. 너도 그런 실수 한 적 많잖아.' 그러나 마음 저 깊은 곳에서 뜨거운 '화'라는 용암은 이성이라는 차가운 물 위로 화산이 되어 쏟아져 내렸다.

"정우야, 다 먹고 닦으면 이런 일이 안 생기잖아. 꼭 지금 닦아야겠어?"

풀이 죽은 정우는 내 눈치를 보며 야금야금 빵을 다시 집어 먹는다. 그러면서 다시 우유를 따뜻하게 데워달라는 듯 큰 눈망울로 나를 빤히 쳐다본다. 나는 마치 최면에라도 걸린 듯이 우유를 다시 데워 정우 앞에 아니, 책상 저 멀리 놓았다. 이번에는 잘 먹는 듯했으나 잠시 내가 자리를 비운 사이, 또 사고를 치고 말았다. 2분도 채 되지 않아 똑같은 실수를 한 것이다.

"우정우! 너 엄마한테 왜 그래 진짜."를 시작으로 !@^^%$#@!$# 궁시렁궁시렁 화가 몹시 난 나는 잔소리로 정우에게 폭격을 해대며 오만상 찌푸린 얼굴로 책상 위를 닦고 있었다. 쏟은 우유가 빵을 담은 그릇에 가득 찬 꼴을 보자 또다시 화가 치밀어 올랐다.

우유 컵 두 잔에 나는 여태 쌓아 놓은, 어제 일까지도, 엊그제 일까지도 들쑤셔내어 화를 분출했다. 분출하고 나면 시원할 줄 알았던 마음이 더 허기지고 더 화로 가득 차는 것 같았다. 화낼 일이 아닌 일에, 아이이기 때문에 당연히 저지르는 실수의 연속에, 아이로서는 충분히 떼 부릴

수 있는 일에, 나는 화를 내고, 아이에게 내 마음 하나 조절 못 한 나 자신이 또 한심하고 또 한심했다. 이렇게 나의 '화'라는 통장에 또 마일리지가 적립되어가고 있었다.

정우는 풀이 팍 죽어서 손가락을 만지작거리며 띄엄띄엄 말을 했다. "엄마, 미안해요. 정우가 두 번이나 우유를 쏟아 엄마를 화나게 해서." 언제나 먼저 훅 치고 들어오는 작지만 결코 작지 않은 이 녀석. 정신을 차리고 자세히 보니 우유로 젖은 빵을 들여다보다 내 얼굴을 흘낏 보며 내 기분을 살피는 작은 꼬마요정.

엄마가 이렇게 자주 도깨비 얼굴을 하고 있으면 아이는 얼마나 무서울까. 저 아이가 무얼 알까. 닦으면 되는 것을. 자꾸 쏟아봐야 쏟지 않는 법을 스스로 터득할 텐데. 다시 기운 내서 정우를 보고 피식 웃어 보이자 한다는 말이 "엄마, 이제 기분 좋아졌어요?"

정작 우유를 쏟아 속상한 아이의 마음보다는 우유를 또 치워야 해서 엉망이 된 내 기분만 생각한 이기적인 모습에 한없이 작게만 느껴졌다. 책상을 밀어 두고 정우를 힘껏 안아주고는 다시 빵과 우유를 꺼내 주며 말했다.

"정우야, 엄마 기분이 다시 좋아졌어. 엄마가 화를 내서 미안해. 정우는 아직 아기라 우유를 쏟을 수도 있는 건데 말이야."

"엄마, 괜찮아요. 정우가 두 번이나 쏟았어요."라며 또 속죄하는 아이. 다시 꼭 안아준다. "그래, 정우야 이제 괜찮아. 정우는 엄마의 이런 모습을 배우지 말아요. 알았지요."

배 속에 아기 있다

정우는 어린 시절부터 남달리 아기 인형을 좋아했고 심지어 남자아이치고는 아기 인형에게 우유를 먹이고 어부바를 하며 '자장자장' 잠도 재워주고 같이 연필을 쥐어가며 그림까지 함께 그릴 정도로 아기를 좋아했다. 신기한 것이 정말 아기처럼 생긴 아기 인형을 유독 좋아했는데 이름은 '홍이'이다. 분홍색 옷을 입고 있는 홍이는 분홍이의 홍을 따서 지어준 이름이다.

어린이집에 갈 때도 놀이터에 갈 때도 항상 홍이와 함께 했다. 자기 유모차도 양보해 손수 밀어주며 말이다. 그러다 엘리베이터 안에서 어르신들이 유모차에 탄 아기 인형이 떨어지는 것을 보고는 화들짝 놀라며 하시는 말이 "아휴! 나는 진짜 아기인 줄 알았네! 아기가 떨어진 줄 알고 얼마나 놀랐는지……." 정우는 그런 어르신들이 떨어진 홍이를 데려가는 줄 알고 번개처럼 홍이를 끌어안는다. 정말 자기 동생인 듯이. "어허, 엄마가 얼른 동생 하나 낳아줘야겠다."라며 나를 힐끗 쳐다보신다.

이제 네 살에 접어들려고 하니, 옛말 틀린 말이 없다는 사실에 또 한 번 감탄이 나온다. '첫째 키워놓으면 말 못 하던 어릴 때가 그리워서 출산의 고통을 잊어버리고 둘째를 낳는다.'라고 주위에서 그렇게 말씀들이 많았건만. 나는 그때, 콧방귀를 뀌었다. 이 고통을 어찌 또 감수하리오. 난 싫소.

하지만 지금은 정우의 동생 사랑에 나도 흔들린다. 사실 정말 말 못 하고 방긋방긋 웃어 주던 정우의 어린 시절이 그립기도 하다. 그러면서 임신한 내 모습을 잠시 상상해보았다. 열 달을 무겁게 다녀야 하는데 첫째까지 있으니 자고 싶을 때 못 자고, 먹고 싶은 거 못 먹고, 체력은 방전될 테고, 출산하고 나서가 더 막막하다. 엄마 껌딱지 정우를 어찌 떼어 놓고 조리원에 있으며, 먹을 거 가려가며 1년을 수유해야 하고, 정우 때문에 분명 산후조리도 제대로 못 하고 바로 100일도 안 된 갓난쟁이를 들춰 안고 놀이터에 가 있겠지……. 아니야, 아니야, 상상은 상상일 뿐. 더 이상은 아니야.

그날 저녁, 씻으려고 옷을 갈아입는데 볼록 나온 나의 아랫배를 유심히 보던 정우는 가까이 와서 내 배를 조심히 두드린다. "엄마, 배 속에 아기 있어요?" 순간 뭐라고 답을 해줘야 하나 고민이 되었다. 솔직하게 똥이라고 말하기엔……. 내 자존심이 허락지 않는 순간이었다.

"으응. 아기가 있지!"

"그럼, 왜 안 태어나요?"

"아기는 배 속에 오래오래 열 달을 보내고 세상에 나오는 거야. 정우도 엄마 배 속에 오래오래 있다가 태어난 거야."

"빨리 나왔으면 좋겠다!"

나는 얼른 그 자리를 빠져나와 욕실로 바람처럼 사라졌다. 샤워기 물을 틀어 놓고 볼록 나온 내 아랫배를 쓰다듬으며 운동을 결심했다. 씻고 나와서도 계속 아랫배가 신경이 쓰였다. 여자들은 어린아이가 지나가는 말로 한마디 한 것에도 이렇게 신경이 쓰이는 존재구나. 그것도 바로 내 아들이자 세 살배기 아이가 한 말인데.

자려고 이불에 누워 두런두런 이야기꽃을 피우다 말고 무엇이 번뜩였는지 이불을 걷어 올리고는 내 배 위에 고사리손으로 빙글빙글 원을 그린다.

"엄마, 아가 태어나면 정우가 기저귀 갈아 줄 거예요!"

맙소사. 배 속 아기를 생각하며 한껏 들뜬 정우를 보고 있노라니 마음이 무겁기만 하다.

"근데 아기는 아직 어려서 엄마랑 같이 자야 하고, 밥도 엄마가 먹여줘야 해서 정우는 혼자 밥 먹어야 해. 그래도 괜찮아?"

"정우가 아가 밥도 먹여주고요~ 자장자장도 해주고요~ 기저귀도 갈아 줄 거예요. '우르르 까꿍!'도 해줄 거예요."라며 조그만 두 손으로 얼굴을 가렸다가 보이면서 천사같이 활짝 웃어 보인다. 분명 천사나 다름없다. 동생을 기다리는 천사.

"그래. 정우가 동생 태어나면 다~ 해주기야. 아이고 착한 우리 정우."

"와~ 신난다!"라며 침대를 콩콩 뛰고는 내 품으로 쏙 파고드는 작은 천사.

잠시 운동은 미루어 두고 볼록 나온 아랫배를 정우와 함께 토닥여야겠다.

"와, 이러다 정말 정우 동생을 낳는 것 아닐까?"

요즘 애들

급변하는 사회 속에서 앞으로 다가올 미래에 대해서도 확신이 서지 않는 것이 오늘을 살아가는 젊은이들의 현실이다. 점점 고령화되어 가는 현재에 젊은이들 뿐만 아니라, 남녀노소 가리지 않고 모두가 직면하게 되는 문제이다. 그렇다면 무엇이 문제일까.

효를 중요시 여기며 옆집에 누가 사는지, 식구는 몇 명인지, 어른들이 수저를 들기 전까지 식탁에 앉아 먼저 먹을 반찬을 눈여겨보며 기다리고, 오가는 이웃들에게 먼저 큰 소리로 인사하며, 선생님의 말씀이면 토시 하나 달지 못하며 전전긍긍하던 우리들은 별똥별처럼 아스라이 사라져 간 지 오래다. 웬만해선 볼 수 없으니 보고 싶은 것은 당연하고 그때 그 시절이 무척이나 그립다. 단순한 향수병일까?

지금의 아이들. 집 앞 놀이터를 지나다 교복을 입고 당당하게 '하하 호호' 웃으며 흡연을 하는 당찬 아이들. 우리는 '요즘 애들'이라며 못 본 척하고 지나친다. 무엇이 우리 아이들에게 부끄러운 행동을 하고도 당당할 수 있도록 만들었을까. 과도하게 흘러넘치는 미디어일까? 핵가족화로 부모를 만날 시간조차 없는 바쁜 스케줄 때문일까? 이것도 아니라면 친구들이 다 하기에 해야 한다는 위화감 때문일까?

아이를 키우는 엄마 입장에서 그 이유가 무엇이 되었든 막론하고 내 아이가 학교에 가서 나쁜 친구를 만나 물이 들까 봐 겁이 난다. 나쁜 친구라는 기준은 과연 무엇일까.

내 아이가 누군가에게 영향을 받을까 두려워지는 순간, 역으로 생각이 들었다. 내 아이가 누군가에게 영향을 끼치지는 않을까. 끼친다면 악영향이 아닌, 선한 영향력을 파급해야 할 텐데……. 또한 내 아이가 아니라 '나'를 대입시켜 생각해보았다. 나는 남편에게, 아이에게, 누군가에게 어떤 영향력을 파급하고 있나?

그렇다. 번개처럼 순식간에 생각이 뇌리를 스치고 지나갔다. 소위 우리가 부르는 '요즘 애들'은 어른들이 만든 것이다. 요즘 애들을 창조한 것은 요즘 애들을 무서워하며 기피하는 요즘 어른들에서 파생된 것이다. 심지어 해코지당할세라 무책임하게 방관하며 '쯧쯧쯧'을 연발할 뿐이다.

아이들의 거울인 부모. 아이들을 인도해 줄 선생님. 아이들에게 정을 나누어주는 이웃들. 어른들 모두 무심코 한 말과 행동들이 아이에게 파급되고 있다는 것을 명심해야 한다. 환경이 아이에게 영향을 미치는 건

사실이지만 더 큰 영향은 양육하는 부모의 태도이다. 어른들은 아이들에게 말한다.

"핸드폰 그만 보고 공부해라."

정작 우리 어른들은 버스에서도, 집에서도 공부는커녕 책을 구경하기가 어렵다. 어른들도 손안에 작은 핸드폰 화면을 주시하면서 입으로는 외친다.

"공부해라."

언행불일치. 아이들은 스펀지 같아 금세 흡수한다. 우리 어른들은 다 같이 고민해야만 한다. 나는 누군가에게 어떤 영향력을 파급하고 있나. 부디 선한 영향력을 파급하길…….

데칼코마니

캄캄한 밤이다. 20대의 나는 밤공기를 참 좋아했다. 낮보다는 밤을 좋아해 일이 끝나고도 친구들과 어울려 동네 산책도 하며 직장 상사를 안주 삼아 맥주 한잔하는 시간이 좋았다. 30대의 나는 밤이 싫다. 아니 무섭기까지 하다. 그 이유는 잠을 자기 싫어하는 작은 천사가 우리 집에 있기 때문이다. 목욕부터 시작해 엄마가 괴물이라도 되는 양 요리조리 도망 다니는 아이를 잡아가며 로션을 등에 한 번 바르면 또 쪼르르. 다시 쫓아가 배에 바르고, 또다시 쫓아가 다리 바르고, 마지막은 얼굴과 팔을 한 번에 바른다. 이것도 자꾸 하니 기술이 는다. 그러고는 내복 입히기……. 누워서 두 손, 두 발 바둥거리던 아기 때가 그리워지는 순간이다.

그러고는 책을 다섯 권 골라와 읽고, 읽고 또 읽는다. 이제는 정말 불을 끈다. 불 끄고도 재잘재잘 이야기꽃을 피우며 등에 그림도 그려주고 잘 자라고 토닥여 주기도 한다. 그런데도 작은 천사는 눈이 말똥말똥하다. 뒹굴뒹굴하다 팔꿈치로 눈을 치거나 주먹으로 코를 때리는 일도 다반사다. 물론 일부러 그런 건 아니지만 앞서 많은 역경을 이겨내고 이 악물며 버티고 있는 나에겐 이미 의도적으로 간주되어 버린다.

"12시가 되어서 도깨비 아저씨가 안 자는 친구들 잡으러 온다!"

말도 안 되는 거짓말에 아이는 울고 불며 내 품속을 파고든다. 이럴 때 보면 아이들은 새하얀 눈처럼 참 순수하다. 품에 꼭 안겨 숨죽여 울던 아이가 조용해지자 갑자기 고개를 번쩍 드는 바람에 정수리에 내 턱을 또다시 가격당하고 말았다. 이쯤 되면 분명 나 몰래 학원에 다니는지도 모른다. 이른바 엄마 골탕 먹이기 학원.

아프기도 하지만 너무 화가 나서 고래고래 소리를 질렀다. 그러고도 분이 풀리지 않아 눈앞에 보이는 베개로 침대 바닥을 퍽퍽 쳤다. 치면 칠수록 화가 쌓인다. 울고 있는 아이를 향해 내 베개는 계속 화풀이했다. 이상하게도 또 화가 더 난다. 내가 지금 무얼 하고 있는 건지……. 정신이 번뜩였다. 또 울고 있는 아이를 보니 미안해서 화가 난다. 그렇게 울고 있는 아이를 안고 나도 같이 울었다.

비가 오는 주말, 여느 때와 다르지 않게 거실에서 알콩달콩 함께 놀고 있었다. 그런데 아이와 나 사이에 소소한 기 싸움이 시작되었다. 정말 사소한 것이었다. 클레이 놀이를 다 하고 손을 씻어야 하는데 씻지 않겠다는 것으로 시작된 기 싸움. 그러다 아이는 소리를 고래고래 지르며 옆에 있던 큰 인형을 집어 들고는 바닥을 내리치며 차마 엄마인 나는 못 때리겠고 그 옆에 있는 책상을 퍽퍽 인형으로 힘껏 내리치는 것이 아닌가.

맞다. 내가 화났을 때 딱 한 번 보여준 모습이다. 좋은 행동은 좋은 습관이 되도록 만들어 주기 어려운 데 반해, 나쁜 행동은 데칼코마니처럼 이렇게나 세세하게 똑같이 행동하다니, 적잖은 충격을 받았다. 내가 화내는 모습을 담아두었다가 그대로 아이는 따라 한다. 그것도 한 번만 보고서도 똑같이.

그날 밤, 미안함에, 죄책감에 책을 찾아, 인터넷 검색을 하며 아이의 앞날이 걱정되어 밤을 꼴딱 새웠다. 어떻게 훈육을 하며 어떻게 내 감정을 다스려야 하는지 터득해야만 한다. 나도 엄마는 처음이니까.

그러고는 사춘기가 되어서도 그 행동을 하는 아이를 생각해본다. 중고등학생이 되어서 엄마에게 지금 하듯 물건을 던지고 고래고래 소리를 지르고……. 생각만 해도 끔찍해서 생각조차 하기 싫다. 그 후로 다가올 사춘기를 생각하며 아무리 화가 나도 소리 지르지 않으며 아이가 앞에 없더라도 화풀이로 물건을 던지지 않는다. 아니, 남편에게 물건을 건네줄 때도 절대 던지는 일이 없다. 어지간히 내 아이가 나처럼 화내는 모습이 싫은가 보다. 더군다나 사춘기 때 나에게 그런다면 분명 망연자실할 게 뻔하다.

아이는 내 소유물이 아니다. 내가 바라는 대로, 내가 하고 싶은 대로 마음처럼 따라주지 않는다. 그래서 자식 농사가 제일 어렵다고들 말씀하시지 않는가. 거기에 하나 더 보탠다면 내가 이뤄내지 못한 것들을 하나씩 하나씩 계단 오르듯 올라주기를 바라며 등 떠민다. 엄마의 꿈을 아이가 대신 이루어 주길 바라면서 말이다.

아이가 행복한 삶을 살길 바란다면 아이를 행복하게 만들 생각보다 나 자신이 행복해지면 된다. 내가 행복해야 아이가 행복하니까. 내가 화를 참고 화난 이유를 요목조목 이야기한다면 아이도 화가 났을 때 울면서 요목조목 이야기를 해줄 테니까.

하얀 도화지 위에 물감을 올려 반을 접어 누른 데칼코마니처럼 아이는 부모의 모습을 자신의 새하얀 도화지 위에 담는다. 화를 내는 것도, 행복도, 행복하게 사는 것도.

에필로그

엄마의 시간은 거꾸로 간다

아이라면 시끄럽고 정신없다며 결혼 생각도 없던 아가씨가 번갯불에 콩 구워 먹든 번쩍 결혼하고 엄마가 되었습니다. 세상 처음으로 아이를 품에 안고 졸린 눈을 비비며 갓난쟁이와 고군분투했습니다. 출산 이후, 엄마의 나이는 거꾸로 흘러 아이와 함께 아이의 나이를 먹어갑니다. 가족이라는 울타리는 서로가 서로를 성장하게 해주는 아주 소중한 존재입니다.

엄마 나이 이제 세 살!

이 넓디넓은 세상이 배움에 있어 아주 신비롭고 재미납니다.

"이 모든 것을 알게 해준 영원한 동반자 식이 오빠, 그리고 우리의 미니어처 정우야, 항상 고맙고 사랑해."

너도 처음이지? 나도 그래

초판 1쇄 발행 | 2021년 2월 22일

지은이 | 봉이
펴낸이 | 김지연
펴낸곳 | 생각의빛

주 소 | 경기도 파주시 한빛로 70 515-501
출판등록 | 2018년 8월 6일 제 406-2018-000094호

ISBN | 979-11-90082-77-8 (03590)

원고 투고 | sangkac@nate.com

* 값 13,200원

* 생각의빛은 삶의 감동을 이끌어내는 진솔한 책을 발간하고 있습니다. 참신한 원고가 준비되셨다면 망설이지 마시고 연락주세요.